灵素牡丹（林申燎供）　　　　圣火（王进供）

鹤市（徐昊供）　　　　　　佛珠（陆明祥供）

檀香荷（徐昊供）　　　　神话（卢秀福供）

万青荷（胡钰供）

婵娟（胡钰供）

晶亮天堂（王进供）

皇冠（卢秀福供）

中华麒麟（陆明祥供）

定新梅（胡钰供）

和尚荷素（陆明祥供）　　乐山蝶（卢秀福供）　　团结荷（卢秀福供）

华顶牡丹（卢秀福供）

盛世牡丹（卢秀福供）　　　　汪小尚（徐昊供）

俞氏素荷（徐昊供）

紫观音（陆明祥供）

廷梅（饶春荣供）

开元（陆明祥供）

桂荷（饶春荣供）

中国梦（无意供）

辉煌（饶春荣供）

中华双娇（陆明祥供）

老天禄（胡钰供）

磐安山水（无意供）

紫金梅（饶春荣供）

虎蕊（陆明祥供）

凤羽（王进供）

卢氏蕊蝶（卢秀福供）

老峰巧（卢秀福供）

金祥云（卢秀福供）

贵妃醉酒

朵云（卢秀福供）

翠丰（无意供）

元宵（无意供）

静怡梅（梅牢山供）

陶宝梅（陆明祥供）

卢氏雄狮（卢秀福供）

端梅（陆明祥供）

绿牡丹（卢秀福供）

海鑫蝶（陶建鑫供）

大太阳（林申燎供）

徐氏牡丹（陆明祥供）

聚宝荷（罗开才供）

云熙荷（胡钰供）

满江红（陆明祥供）

红韵素

虞美人（罗开才供）

花好月圆（杨开供）

荷之冠（陆明祥供）

锦上添花（胡钰供）

如意素荷（胡钰供）

永怀素（陆明祥供）

彩圆圆

香王彩虹（徐昊供）

彩麒麟（胡钰供）

仙桃梅（胡钰供）

素荷（胡钰供）

金玉宝轮（王建军供）

精诚霞光（王进供）

桃园三结义（陆明祥供）

三星遗魂（胡钰供）

红月（瑞丰供）

大唐宫粉（叶劲松供）

富山奇蝶

金碧辉煌（饶春荣供）

三明鱼魫大贡出艺（刘志云供）

江山红（侯兆铨供）

白玉（刘宜学供）

玉莲花（魏昌供）

红婵（胡应东供）

金太阳（胡应东供）

连城秀（林锋供）

花叶散斑艺（刘宏远供）

金玉满堂（兔子供）

缘素（林锋供）

月宫仙女（林锋供）

（修订版）

# 养兰高手独家经验

◎刘清涌　陆明祥　主编◎

海峡出版发行集团 THE STRAITS PUBLISHINS & DISTRIBUTING GROUP ｜福建科学技术出版社 FUJIAN SCIENCE & TECHNOLOGY PUBLISHING HOUSE

**图书在版编目（CIP）数据**

养兰高手独家经验 / 刘清涌，陆明祥主编 . —修订版 .
—福州：福建科学技术出版社，2022.10
ISBN 978-7-5335-6810-8

Ⅰ . ①养… Ⅱ . ①刘… ②陆… Ⅲ . ①兰科 – 花卉 –
观赏园艺 Ⅳ . ① S682.31

中国版本图书馆 CIP 数据核字（2022）第 129656 号

| | | |
|---|---|---|
| 书　　名 | **养兰高手独家经验（修订版）** | |
| 主　　编 | 刘清涌　　陆明祥 | |
| 出版发行 | 福建科学技术出版社 | |
| 社　　址 | 福州市东水路76号（邮编350001） | |
| 网　　址 | www.fjstp.com | |
| 经　　销 | 福建新华发行（集团）有限责任公司 | |
| 印　　刷 | 福州万紫千红印刷有限公司 | |
| 开　　本 | 700毫米×1000毫米　1/16 | |
| 印　　张 | 15 | |
| 字　　数 | 197千字 | |
| 插　　页 | 8 | |
| 版　　次 | 2022年10月第2版 | |
| 印　　次 | 2022年10月第3次印刷 | |
| 书　　号 | ISBN 978-7-5335-6810-8 | |
| 定　　价 | 45.00元 | |

书中如有印装质量问题，可直接向本社调换

# 再版说明

2014年，我社出版了《养兰高手独家经验》，该书收录了大量养兰专家和高手撰写的有关养兰心得和经验方面的文章。这些文章所述的经验可学可用，效果显著，具有很强的实用性，因此该书出版后得到广大兰友的欢迎。

考虑到该书已出版多年，当下养兰所面临的问题、兰花栽培的整体技术水平及兰花欣赏的流行之风等已与数年前不可同日而语，因此我社对该书做了修订。本次修订主要做了以下工作。

一、2021年，国家林业和草原局、农业农村部发布了《国家重点保护野生植物名录》，其中兰科兰属几乎所有种（除美花兰、文山红柱兰被列入一级保护，兔耳兰未列入名录）均属于国家重点保护野生植物（二级）。这也就是说，目前兰友玩赏的春兰、蕙兰、建兰、莲瓣兰、春剑、墨兰、寒兰等七大类均为国家重点保护野生植物（二级），严禁采挖。基于此，删去原书中有关下山兰选择方面的文章。

二、兰友中兰花农药的使用极为盲目混乱，此为兰友科学养兰的一大盲区。福建农林大学张绍升教授曾选用9种农药，以兰花炭疽病病原菌和枯萎病病原菌为靶标菌，做了抑菌筛选试验，筛选出了效果较理想的农药。原书中有关农药方面的内容均按此试验结果做了修改。

三、删除了部分文章，增补了部分实用性强的新文章。考虑今后兰花新种主要源于杂交育种，而兰友对兰花杂交育种了解不多，因此增补了两篇有关兰花杂交育种的文章。

四、删除了部分品种照片，增补了部分新品种的照片。

本次修订得到兰友的大力支持。一些文章在收录本书时内容做了修改，有的文章名称也做了改动。在此，向文章作者和品种照片提供者表示衷心的感谢。

福建科学技术出版社

2022年6月

# 前　言

中国人很会玩。英国哲学家罗素在 1920 年考察中国 1 年后说过一句话，说中国人是世界上最会玩的人，可谓旁观者清。拿花卉这类玩物来说，中国人玩兰花就玩得很可以，可以说是人类玩花卉玩得最有中国味、最淋漓尽致、最登峰造极、最写意的一种。中国人至少在 1000 多年前就开始玩兰花。1000 多年来越玩越入味，以至于在继承和发展中总结出很多玩的理论，很多玩的经验来。

兰花很好玩，栽培最关键!

再好的东西，再有价值的东西，如果栽培不好，其价值也不能得到体现。现阶段兰花的栽培尚未能全方位进入现代农业的科学化、规格化、规范化、标准化、自控化的水平。绝大多数家庭、农户、兰园养兰还是处于传统农业凭经验种养阶段。借鉴养兰高手的经验、技巧，是养兰者入门或提高技艺的重要途径。因此收集各地兰友的养兰经验非常重要。

数年前，笔者从多年来《中国兰花》《兰》等刊物和海内外有关兰花栽培技术的资料中，选出一些较科学、较实用、较易推广的文章，分类整合成《兰花栽培百家经验》。此书出版后，一版再版，受到读者的欢迎。读者还希望能编写此类书。基于此，笔者从近些年出版的

《中国兰花》《兰》杂志选出实用性强的有关栽培的文章，并约请一些养兰高手撰写专题文章，汇编成此书。

兰花的各种栽培技术与经验能否见效，还得靠自己从实际出发，因地制宜、因时制宜、因兰制宜地认真实践。本书所介绍的各地各种兰花的栽培技术常限于某一地区环境、某一品种特性和各位作者之个人所见，不一定普遍适用于一切地区、一切兰花的栽培，只能是提供一些兰花栽培的门径，供兰友们从实际出发灵活加以应用。

在本书编写过程中，得到本书收录文章的作者及兰花照片提供者的大力支持。在此，向他们表示衷心的感谢。每篇文章末附有作者名字及所在省份，但有几篇作者姓名或地址不明，如有知情者，请与本书主编联系，以便再版时补入。

还要说明的是，考虑到读者的接受能力，或为了避免内容重复，一些文章在收入本书时内容做了删改，有的篇目标题也做了改动，敬请文章作者见谅。

刘清涌（教授）

2014 年 8 月于广州洛溪裕景之东兰石书屋

# 目录

## 各类兰花莳养

## 植料选配经验

## 选苗上盆技艺

## 水分管理窍门

## 肥料施用技术

## 日常养护措施

## 四季管理方略

## 促芽护芽绝招

## 治病杀虫要领

# 各类兰花莳养

# 春兰在南方试植

有人说，南方难以种植春兰，难开花。这种说法在广东、广西、福建、海南等地兰界流传甚广。确实这些地方的气候不太适宜春兰开花，但如在广东养植春兰，结合广东的气候条件，采取一些特别的措施，只要精心管理，春兰还是可以开花的。

笔者出于对春兰的珍爱，参考了大量的资料，也请教了不少兰界前辈，通过几年摸索，积累了不少心得。

## 一、养护

在广东种植春兰，不太适用传统的塘泥，而以 80% 的兰花石混合 20% 的水苔较好。如果没有兰花石，也可用 70% 的碎砖石、15% 的杉木糠、15% 的水苔混合植料。春兰植株较小，用盆宜用小盆。春兰因假鳞茎较小，种植时宜三五苗连体。引种时间在春秋二季较为适宜。春兰较其他兰类更喜淡肥，所以施肥应较其他兰类要清淡些，春兰的花芽形成在 8~9 月份，开花一般在春节，在花芽形成前，应多施较其他兰类更淡更薄的磷钾肥，以利花芽的形成。

## 二、度夏

在广东，养好春兰，度夏是关键。春兰生长不良，盆土温度过高是原因之一。春兰较其他兰类更喜欢阴凉、湿润的气候环境，而在广东，一般家庭都是阳台养兰，夏季阳台空气湿度太低、阳光太烈、温度太高，很不适宜春兰的生长。笔者有 1 个朋友，经营了 1 个花圃，他建了 1 个温室，用来栽培室内观赏植物，温室内的光照、温度和空气湿度都较接近春兰的原始生态，笔者养的春兰就寄放在朋友温室内阴生植物旁边度夏。通过几年的观察，生长虽不及广东传统的墨兰与建兰，却也比阳台养的春兰好了

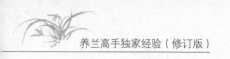

许多。各位兰友如有类似条件，不妨一试。

### 三、其他

春兰一般必须经过一段时间气温低于10℃的春化作用，才能分化花芽。所以在冬季，应尽量把春兰移到向北的位置，让它受到更多寒风更长时间的吹袭，以满足春兰春化的需求。笔者养的几盆春兰在2002年春节前后，当它的花芽差不多形成时，把其中两盆搬回阳台莳养，其他的仍留在花圃，温室和阳台的气温相差不大，但空气湿度相差就大了，养了十几天，阳台养的春兰出现了哑花，而花圃养的春兰却全都盛开了。这是否证明在相同气候下，春兰的花芽形成和开放与适宜的空气湿度也有很大关系，有待广大兰友考证。

（广东/张凌云）

# 养蕙6个要点

要想养好蕙兰，就应先"知蕙性"，了解一些蕙兰的习性对于我们养好蕙兰具有重要的指导意义。蕙兰主要习性如下。

其一，蕙兰喜肥沃深厚的栽培基质。其二，蕙兰的假鳞茎不明显，生长基本上靠根吸收植料中的养分。其三，蕙兰的生长周期较其他品种的兰花要长一些，并非都能够在一个生长季全部生成。其四，蕙兰的根在原生环境中是生长在地下20~30厘米的腐殖土中，这样的土壤条件下蕙兰极易分蘖。其五，蕙兰的叶片叶脉透明，可接受短时强光照射，有喜阳的特性。其六，蕙兰叶片维管束多，密集，叶革质、坚挺。对空气湿度要求相对较低，耐旱，抗涝性强。其七，蕙兰原生在海拔较高的山地，客观上要求通风性要好，有一定的温差。

从以上特性出发，可粗略地归纳养好蕙兰的6个要点：料透气，富肥分，少翻盆，适深种，多见阳，宜通风。

①料透气。从蕙兰喜肥沃深厚的栽培基质这一特性看，种养蕙兰要在植料的疏松透气上下工夫。要想养好根，植料是重点。现在养兰大都走的是颗粒植料的路子，透气疏水问题基本上都能够解决，但对于蕙兰来说则更要强调植料要比其他兰类粗一些。下面是笔者养蕙的植料配方供大家参考。

配方一：仙土 60%，植金石 20%，火烧土（亦可用麦饭石，对艺草有保艺、升艺的作用）10%，蛇木（柳树皮）10%。

配方二：兰之友植料 80%，仙土 20%。

以上植料均宜比其他类兰粗些，用之前过筛，除去粉末，浸泡清洗干净，灭菌备用。

②富肥分。从蕙兰假鳞茎不明显、生长基本上靠根吸收植料中的养分及其根粗长，草高大等特性看，种植蕙兰宜比其他兰多施些肥分。反映到植料上就是要求仙土占的比例宜大些。但并不是说不管壮弱都要如此，要根据苗情灵活掌握。壮些的苗，仙土可以加大比例。使用前可用淘米水，将全部配好的植料浸泡 10 天左右，晾干备用。弱些的苗还是以清养为主，加大石类植料的比例则是上策。蕙兰叶坚挺厚硬，施肥中应侧重磷钾肥的施用。

③少翻盆。从蕙兰生长周期较长，并非都是能够在一个生长季全部长成这一点看，蕙兰种下后宜少翻盆。蕙兰的叶片有时两三年后仍有中心叶片抽出，说明蕙兰的生长周期较长，要使蕙兰伏盆、长根、增苗、壮大、见花，常需几年时间。

 **高手这么说**

蕙兰要少翻盆，就是要让蕙兰在一个安定的生长环境里增强、增壮。实践证明，蕙兰在上盆后的两三年间不用翻盆，就像一匹野马，挡都挡不住地往外发苗，发苗率还是很可观的。

④适深种。从蕙兰的假鳞茎不明显、根粗长、草高大这些特性看，蕙兰适深种，宜大盆。蕙兰分蘖大都是从假鳞茎底部发出，这是蕙兰在长期的进化中适应环境的结果。深种有利于壮苗。原生态下蕙兰的根生长在地下 20~30 厘米的腐殖土中，根向四面八方散开，在人工种养条件下，根的生长囿于兰盆。为了增强、增壮兰苗，应根据草的状况尽量选择适当大些的兰盆，以满足兰根生长的需要。

⑤多见阳。从蕙兰叶片叶脉透明，可接受短时强光照射这一特性看，蕙兰宜多见阳光。蕙兰原生地海拔高，树木少，接受阳光时间长，因此人工栽培时光照度较其他兰要强一些。

### 高手这么说

栽培蕙兰，一年四季，只有夏季根据天气状况适当遮阴，其他三季可敞开让其接受阳光，但如发生焦尖或老草快倒现象便是光照过强了，就得加大遮阴度。多见阳光能够壮草，促发根，兰花叶片宽，筋脉粗大，叶变短而开花多；光照弱，蕙兰会发育不良；适合的光照，草长得青翠，有神采。

⑥宜通风。从蕙兰原生地大多在海拔较高的山地，客观上要求通风性要好，要有一定的温差这一点看，养植蕙兰宜比其他类兰更加注意通风。古人云：通风乃养兰第一要义。这话对蕙兰来讲是更恰当些。蕙兰的叶片束紧密，叶革质，坚挺，肉少，对空气湿度要求相对低，耐旱，抗涝性强，更适合阳台养植，且春、夏、秋三季阳台窗户宜全打开。实践得知，封闭的环境下，蕙兰长势不良，甚至有些因空气不流通而死亡；通风好，蕙兰长势好。此外，蕙兰需要更大些的温差，以储存养分。温差亦和通风有很直接的关系。因地制宜，尽量创造条件加大温差，这对蕙兰壮苗是有很大裨益的。

事物是普遍联系的，这六方面也是有因果联系的。料透气、富肥分是种养的根本，少翻盆、适深种是内在的要求，而外部条件就是多见阳、宜通风。抓好根本，内外兼顾，相信蕙兰定会遂人愿伏盆、长根、增苗、壮大，进而放花。

（河南/平涛）

# 蕙兰催花技术要点

蕙兰正常开花一般在4月中下旬，而全国性综合性大型兰展大都在2~3月举办，因此，要想让蕙兰在一年一度的全国兰花博览会上亮相，就必须采取必要的催花措施。根据笔者的实践探索，蕙兰催花技术要点主要有三个方面。

①顺其天性，充分春化，确保0~12℃低温休眠时间不少于1个月，是实现蕙兰提前开花的根本前提。野生蕙兰生长地的海拔较高，休眠时间长达4~5个月，温度在0~12℃的时间不少于3个月。蕙兰的这种特性决定了其开花必然要有1个低温春化的休眠期，否则不会开花。要让它提前开花的唯一的途径就是缩短它的休眠期。经多年的反复实践，蕙兰所需要的0~12℃的春化时间底线是不少于1个月。各地兰友可顺其天性，因地制宜营造适宜蕙兰春化的小环境，为其提前开花打好基础。

②循序渐进提高温度，保持15~25℃的温度在1个月以上，是实现蕙兰提前开花的重要条件。经过必要的低温春化后，蕙兰要实现提前开花的目标，其中一个重要条件就是要适当提高温度。但温度的提升要有一个渐进的过程，不能一下子就把催花的蕙兰所处环境的温度，由0~12℃迅速提升至20℃以上，要有一个温度的缓冲期，时间不低于3~5天，缓冲期的温度控制在12~20℃之间，使蕙兰逐渐适应新环境；如贸然将蕙兰从低温处移到20℃以上的高温处，容易出现僵蕾现象，导致催花失败。注意这些细节，蕙兰在15~25℃的环境中生长1个月，一般都能提前放花。

③营造相对湿润的小环境，促进蕙兰花箭拔高。从总体上看，蕙兰对空气湿度的要求比其他国兰低一些，但拔葶开花期间空气湿度高一些，对蕙兰花箭拔高很有好处。实践证明，蕙兰拔葶开花期一般白天空气相对湿度不应低于40%。在适宜的温度和湿度的小环境中，蕙兰的花箭一旦开始

拔高，生长速度很快，一般 5 天左右就进入排铃期，再过 3~5 天，蕙兰就花遂人愿提前盛开了。　　　　　　　　　　　　　　（山东/史宗义）

# 莲瓣兰栽培管理要领

栽培莲瓣兰须做好以下五点。

### 一、植料须偏肥

云南兰友在种植莲瓣兰的植料配比中，都会以充分腐熟的栗树叶为主，而且比例一般会用到 50%~70%，而种植春兰时一般只用到 30% 左右。

### 二、盆体须偏大

莲瓣兰因比春兰植株高大、根系长且粗壮，在每盆兰株数相等的条件下，种植莲瓣兰的盆须比种植春兰的盆体偏大，甚至需大 1 倍左右。

### 三、定根水须及时浇透

春兰栽好后可以马上浇定根水，也可放置到明天浇，甚至后天浇都可以（在拌配的植料干湿适宜的条件下），根系一般都不会出问题。而莲瓣兰则不可，最好是栽种后当天浇透水，尤其是所用的栗树叶比较熟、比较细的情况下，栽种当天及时浇透水非常重要。如果像春兰一样将当天种好的莲瓣兰放置 1~2 天后才浇透水，由于所用的植料中栗树叶多且较肥，肥分浓度过高，很容易"烧伤"鲜白的兰根，尤其是根的"白头"最易损坏。种后马上浇透水，就可把植料中（主要是腐熟的栗树叶）已析出的有效肥分冲走，就不易伤着"白头"。待 5~7 天新的肥分析出时，兰根已过伏盆期，开始可"进食"了。在浇定根水时还须注意两点：一是定根水必须浇透，透到盆底出清水（由黑水变清水），以便把植料中已析出的肥分全冲走；二是如果苗弱根差的兰盆（一般伏盆慢）过三五天后还须浇透水 1~2 次。

## 四、平时水分可偏多

笔者发现，春兰与莲瓣兰种在同等大小的兰盆（相近的苗数），放在一起莳养，往往莲瓣兰盆面干燥了而春兰盆面还湿润。因此，一般春兰每盆浇 1 千克水，莲瓣兰须浇 1.5~2 千克水；春兰 10 天浇 1 次透水，莲瓣兰 7~8 天浇一次，甚至 5~6 天就可以浇了。

**高手这么说**

莲瓣兰与春兰种在一个兰园时，浇水的时间一定要充分考虑到莲瓣兰。如兰园浇水次数依莲瓣兰而定，则在莲瓣兰浇透水时，春兰可视盆情少浇或不浇。

## 五、阳光强度可稍偏阴

《国兰生理》（潘瑞炽、叶庆生著）一书中介绍他们的研究结果为：春兰光合速率为 3.8，春剑（一般认为莲瓣兰与春剑大同小异）为 3；春兰光饱和点为 600，春剑（莲瓣兰）为 400；春兰光补偿点为 50，春剑（莲瓣兰）为 10。从这些数字可以看出，莲瓣兰没有春兰耐强光。从兰园管理的现实看，莲瓣兰的遮光程度要比春兰高一些。一般在兰园的管理可这样处理：将春兰盆置于光照较强一些的位置，将莲瓣兰盆置于光照相对较暗一点的位置。

（云南/邱治铭）

# 墨兰栽培法

①选好或营造一个适应墨兰生长的环境。远离污染源（空气及水源）；日照时间在 8 个小时左右；能形成对流空气；棚高 2 米半左右，棚顶有

遮强阳光、遮雨水（精品兰）的设备；能保持一定空气湿度；能保持一定温度（冬天不低于5℃，夏天不高于35℃，无霜冻，最好日夜温差能达6~8℃）。

②配好植料。硬料（花岗岩小石粒或火烧土粒）与软料（松皮或椰壳粒等）各50%左右搭配，或用植金石与蛇木搭配。硬料一定要加入处理过的有机质软料相搭配，才有利于有益的兰菌依附着有机质（营养）繁殖，搭配软硬料还有利于调节盆中的温度与空气。

③做好遮阴工作。在广东珠江三角地区养兰关键是遮强光。冬天10时至下午3时遮一层网，其余时间可不遮网。夏天10时至下午6时，遮两层网，其余时间遮一层网。

④控制好温湿度。冬天注意保温，最冷时不低于5℃；夏天降温，最高时不高于35℃，可用小喷头在地面及棚顶喷水降温。冬天空气相对湿度不低于50%，夏天空气相对湿度不低于70%。

⑤合理施肥。冬天不宜施肥。谷雨后温度达20℃时，新根开始萌发才施花宝类含微量元素的肥。在晴天日子太阳将下山时施用，稀释浓度为3000倍。苗期、伸长期、结头期，调整氮、磷、钾肥比例。施肥后待吸收4~5小时后重新淋透水，排去残肥，并启动风扇，防叶甲积肥水造成肥伤。总之，施肥以稀薄为主，在5~10月期间每月施1~2次。1年施两次奥绿类长效肥，清明前后1次，寒露前后1次。烂根主要原因之一是施肥过多过勤，特别是老苗老根不耐浓肥。

⑥适时浇水。浇水的作用是调节温度、湿度、肥料浓度，冲洗盆中植料里的污气。浇水有洒水与淋透两种方法。在晴天的日子里，秋、冬季在上午10时左右连续几天洒水，接着再淋透水1次。夏天在下午7时左右淋透水1次。

此外，做好防治病虫害工作。病菌最危险的是镰刀菌，引发兰苗传染致大量倒苗，所以应每月轮番喷代森锰锌（大生）、甲基硫菌灵、多菌灵等。以防为主，发现病情再喷药为时已晚。虫害最危险的是蓟马，凡是新叶芽，尤其是新花芽将露芽之前就要喷联菊·啶虫脒（蓟马净），否则花叶受损。

**刘教授提示**

经常性地喷药防病，固然能防止病虫害发生，但对于家庭养兰来说，未必可取，既污染环境，也不利于人的健康。因此在病虫害多发的梅雨季节喷一两次药防病虫即可。

（广东／冼干明）

# 家养寒兰八要素

笔者生长在寒兰产区，近年来已种寒兰数千盆，积累了一点经验，现将其归纳为"八要素"，供广大兰花爱好者参考。

## 一、选好植料

植料是否适合兰的特性，是否有利于兰花的正常生长，是养好兰花的关键。笔者用过塘基石、植金石，也用过陶土、仙土、碎砖粒，还用过多种植料配成的混合料。通过栽培对比试验发现，都是掺有一定数量山泥（腐殖土）的混合料所养的寒兰长势最好，不但根系发达，而且发苗率、开花率均高于用其他植料的对比组。故得出结论：寒兰的正常生长和开花需要各种较全面的养分，用无土栽培配合各种施肥方式难于满足寒兰生长需求的养分，而植株养分可从掺入的山泥中得到满足，所以长势较好。

 高手这么说

现推荐通过数年对比试验证明较适合栽培寒兰的植料配方：塘基石或植金石（也可用其他硬植料或河沙代替）40%，山泥（最好是兰花原生地的黑色腐殖土）35%，栽过食用菌的菌糠或废木屑（经太阳暴晒或消毒）15%，蛇木10%混合而成。

## 二、合理遮阴

寒兰原生地林木茂密，有高大的树木为它们挡阳遮阴，所以栽种寒兰也应人为地为其创造合适的光照条件。光照过强易使叶片被晒伤而造成日灼病。过度遮光或长期放在室内又会影响兰花的光合作用，造成生长不良和不易开花。据笔者实践证明，冬春用一层遮光率 70% 左右（固定式）、夏秋晴天另加一层遮光率 50% 左右（活动式）的遮阳网最适合寒兰生长（阴雨天可不遮）。总之，在保证不灼伤兰叶的前提下，适当多见阳光，特别是上午 9 时前的晨光，对兰花生长和开花都十分有利。

## 三、控制浇水

严格控制浇水，平时尽量做到盆土润而不湿、干而不燥是养好寒兰的关键。许多初学养兰者生怕兰花缺水，一有空就浇水，造成盆土过湿、兰花烂根，这是大多数初涉兰界者养兰失败的主要原因。

笔者用上述比例配制的培养土栽种寒兰，无论大盆还是小盆，一般晚春 8~15 天浇水 1 次，夏季晴天 4~6 天 1 次，秋季 5~10 天 1 次，冬季及早春常常 20 余天甚至 1 个多月都不浇水。为了便于大小盆相对统一管理，笔者采用根据苗数的多少和根系的发达程度配盆，即大盆多栽苗，小盆少栽苗，根系发达的用大盆，根差的用小盆。也可用壮苗带弱苗、珍稀名品用一般品种培植的方式，这样做既符合兰花喜欢聚生的习性，利于兰菌繁殖，又可基本上做到大小盆的浇水周期相同。浇水以见干见湿、浇即浇透、平时稍干为原则，这样养出的寒兰根系发达、生长健壮，极少出现烂根及根系早衰现象。

## 四、保持湿度

这里所说的湿度是指空气湿度。寒兰喜欢盆土稍干、空气湿度大的生长环境。故栽种寒兰宜人为地创造白天 55%~75%，夜间不低于 80% 的相对湿度，可采用加湿机喷雾、自动喷雾、挂水帘、地面洒水、设水池或水盆等增湿措施。空气湿度大，寒兰叶面油亮翠绿，生长良好，易养出全封

尖的上等苗。但空气湿度大应切记经常保持通风。

## 五、严防污染

寒兰叶片长薄,气孔多,与空气接触面大,故特别需要空气清新、无污染的生长环境。寒兰园应力避附近有排浓烟废气及产生大量灰尘的工厂、车间。家庭养植应尽量远离烟窗、油烟机及空调机外风口等,同时应选用无污染、酸碱度适中的清洁用水。换句话说,凡是人感觉空气清新、无烟雾、少灰尘、无异味、通风良好的环境均适合养兰。凡是人可饮用的水均可用于浇兰。另外,应尽量避免在兰室吸烟。

## 六、科学施肥

大多数寒兰因假鳞茎相对较小,储存的养分有限,再加上易开花且葶高、花多、朵大,消耗养分较多。故栽培寒兰熟草壮苗,换盆时最好能添加少量基肥。笔者试验发现,植料中拌入1%左右经腐熟发酵灭菌的猪粪最有利于寒兰生长开花。但经长途贩运或邮寄的新购草及根系不完好的弱苗切不可急于施肥,否则必遭肥害。另外,磷酸二氢钾、兰菌王等交替叶面施肥(每7~10天1次),新芽成长期可加适量尿素,新苗成熟期再喷2~3次高钾肥,可促使假鳞茎增大。为了使各种养分更均衡,4~6月及9~10月每月可增施1次稀薄有机肥,但应切记宁淡勿浓,防止浓肥极易伤根,造成肥害。

## 七、防虫防病

首先,搞好兰园卫生,彻底清除虫、病源及传染源。发现危害严重及易互相感染的病株应彻底隔离或销毁。平时剪下的病叶、枯叶应集中烧掉。其次,养植寒兰一定要盆栽上架,这样比地栽的容易管理,少污染、病虫害少。再次是适时喷药。一般春季3~5月、秋季10~11月是病虫害发生的高峰期,这段时间可10~15天交替喷1次防病杀虫药,其余时间每月1次即可。防病可选用甲基硫菌灵、代森锰锌、多菌灵、氢氧化铜、百菌清(达科宁)等杀菌药,杀虫可选用氧乐果、杀扑磷(速扑杀)、溴氰菊酯(敌杀死)等。

### 八、力戒急躁

养兰如养性，要有耐心，切不可急功近利，过于急躁。有些初学养兰的兰友缺乏对兰花生长特性及规律的认识和了解，急于求成，或者过于溺爱，一有空就给兰花浇点水，今日扒开土看看长新根没有，明日又倒盆换上新的植料，把兰花折腾得半死，哪能生长良好？还有的兰友为了多发苗，把兰株分得太单，结果是越长越弱，甚至枯死。更有些人生怕兰花缺肥，频频施用各种肥料而造成肥害。这些做法均违背了兰花的生长规律，轻则影响兰花生长，重则短期内"全军覆没"。 　　　　　　　（江西／潘颂和）

# 寒兰管理与繁殖

寒兰花期长，花清香，但寒兰叶质柔、抗寒力弱，是细叶兰中较怕冷的群种。寒兰假鳞茎小且长椭圆形，养分储存量少，地下茎偏小，节间偏长，芽眼少，单向发芽明显，发芽率低，发芽迟，幼苗生长缓慢，跨年度成苗突出，受自然灾害影响较大，容易死苗，成苗率低。

### 一、寒兰的管理

①温度管理：寒兰绝大多数分布在亚热带和温带地区阔叶树较阴环境之中。由于它细胞壁薄，角质层也薄，所以寒兰喜温暖气候，既怕炎热又怕寒冷，特别怕秋分后温度急剧下降，连续刮起干燥的西北风，容易造成落叶死苗。寒兰生长季节温度一般在18~28℃，夏天温度超过30℃，冬天日平均温度低于10℃，则生长缓慢或进入休眠阶段。气温达到35℃时，兰株将出现叶片枯焦卷曲等病态。秋分后的兰棚西北向要设挡风墙。

②光照管理：寒兰多生长于荫蔽的环境中，是兰花中典型的喜阴群种，但不同寒兰类型对光照的时间、强度要求有所不同。冬寒兰在夏末秋初日照强、温度高时段进入花芽分化期；而在初冬日照渐短、气温趋于下降时，

进入开花期。春秋开花，介于长日照、短日照之间的中性寒兰，对变化的环境有更高的生理适应性，这可能与它的杂交亲本生活习性密切相关。如寒兰与春兰杂交，它的子代生长习性倾向于春兰，它的生长环境要求像春兰一样的生态环境。寒兰与秋兰杂交，它的子代生长环境要求与秋兰相同。

**高手这么说**

莳养寒兰的兰圃应模仿原生地自然生态环境，遮阴度要较其他国兰高些，使寒兰生长在有散射阳光的阴凉环境之中。农村就地取材，采用植物遮阴是比较理想的，如可用竹帘、苇帘、草帘等。目前常用遮阳网来遮阴。寒兰在夏、秋初季遮光率要达到80%~90%。

③水分管理：寒兰由于细胞壁薄，角质层也薄，容易造成体内水分失调，因此要求生长环境云雾大。寒兰性喜滋润而怕水分过多滞留。家庭莳养寒兰一般采用雨水、河水、井水灌浇。城镇养兰多用自来水，但最好要贮存数天后方能使用。浇水次数随季节和基质不同而决定：采用硬植料的，夏、秋季应常浇水，冬季则需控水，其他季节保持植料湿润。当幼芽长出1.5~2厘米长，长新根之时，浇水一定要慎重，否则造成烂根死芽。浇水时间除中午灼热和夜晚寒冷不宜外，白天其他时间都可浇水，但最好在上午日出时进行。总之，要保持寒兰根部润而不湿、干而不燥。

春天季节棚内空气相对湿度应保持50%~60%，夏、秋季空气相对湿度保持80%~90%，冬季休眠期空气相对湿度可降至30%~40%，夜间要更低些。总之，寒兰对空气湿度的要求是：生长季节高，休眠季节低；白天高，夜晚低；高温高，低温低；晴天高，阴天低。

④通风管理：寒兰在自然界环境中四面通风，根际周围空气也是流通的。特别在树荫下斜坡处生长着的寒兰基本是单向往上生长，部分根系还裸露在表土上。通风可提供新鲜空气，有利于兰叶从中吸取二氧化碳和其他游离成分。人工栽培时通风还能排除空间污浊的有害气体，调节温度，抑制病菌滋生和蔓延等。

通风含义有两个方面：一是保持寒兰自身通风，包括根际基质的通风；二是指栽培寒兰棚内通风。在闷热的夏天，通风更显得重要。

⑤肥料管理：寒兰所需肥料除氮、磷、钾大量营养元素外，还需要一定的微量元素。在施用肥料时要小心谨慎，以免损害根部引起死苗。使用有机肥要经过发酵数月后取浸出液稀释 8~10 倍的水浇施或拌基质使用。施用化学肥料，应根据寒兰不同生育阶段使用不同营养肥料，按说明书稀释后喷施。施肥季节一般从仲春开始到冬初结束，春冬两季一般使用氮磷钾复合肥点施或溶水浇施各 1 次，浓度和数量视苗情而定。平时采用四川产兰菌王，以及磷酸二氢钾和微肥叶面喷施。施用浓度宜淡不宜浓，按说明书要求稀释。

施肥时间选择晴天，温度适宜时进行。中午日照强，温度过高，易伤害兰花。温度太低不易吸收，浪费肥料。

⑥病虫防治：寒兰病害有由真菌、细菌等的感染引起的侵染性病害，也有生理方面的养分、水分、温度不当及机械损伤等引起的生理性病害。感染兰花的真菌都是寄生性的，它从兰花身上吸取养分，破坏组织，从而引起兰花产生许多症状。在寒兰上经常发现腐烂、猝倒、枯萎、斑点、组织坏死，兰苗衰萎。由于致病菌的传播是通过空气、水、昆虫和人为直接接触，因此，防病首先是要讲究兰圃清洁卫生，养成良好的园艺操作习惯，控制传染媒介，以杜绝病源。此外，寒兰上也常发现介壳虫等。一旦发现病虫害，须及时喷药防治。

## 二、寒兰的繁殖

由于寒兰假鳞茎长，呈椭圆形，体积小，营养贮存量少，节间长，芽眼稀少，在繁殖过程中，幼芽萌发迟，幼苗生长缓慢，且春季阴雨天多，容易造成幼苗腐烂死亡。因此寒兰繁殖有一定难度。经过近年来摸索实践，总结如下有效办法。

①及时分株：初次开花后的寒兰，第二年春分即可分株单体繁殖，争取 1 苗生长新苗 1 株。两年生的苗生长旺盛、假鳞茎充实饱满、贮藏养

分足，分株后不受其他因素影响，当年可长出两个健壮新苗。3年后的兰株如不及时分株，不仅不长新苗，而且逐步衰亡。

②利用"老头"：生长4年以后的假鳞茎叶片已全部脱落，根系即衰败，基本失去了生育能力，但假鳞茎还是呈绿色，还未皱缩，基部有活芽眼，立春时节将其余鞘剥尽，消毒后晾干，再用消毒后的新鲜水苔裹好栽入干净清水砂盆中，促进休眠芽活化。保持水苔潮湿。经过数周后（在立夏前）见到芽眼突起，此时剥去水苔，移入滋润的粗质植料中栽培（不施肥），就可长芽出苗。甚至有的老假鳞茎经活化处理后，长出竹鞭根，从根节上又长出新苗。

 高手这么说

幼苗生长还未达1年以上，最好不要分株繁殖。如一定要分苗，应把切离开母体的幼株用500倍液甲基硫菌灵浸泡1~2分钟后晾干，然后用经过消毒的新鲜水苔裹后栽在透水性强的粗质盆中，盆面再用消毒好的水苔覆盖，保持适宜湿度即可成活，秋季仍会发出新芽。

③分组繁殖：寒兰新品种开花后，已知道其花形。为加快繁殖速度，可以通过栽培促进多长新苗。但因根系脆弱，不应分为单株，一般2~3株苗为1组，待第二年根生长旺盛，再根据具体情况决定是否分单株培育。如有老假鳞茎可用上述方法培育，做到"老头"带新苗，新苗养"老头"。在管理方面，寒兰弱苗切忌浇施化肥，以防死苗，但可用叶面喷施兰菌王，保证供应一定养分。

④壮苗护苗：寒兰入冬开花，离春发时间短，影响萌发时间和发芽数量，造成秋芽多，跨年度长苗的比例大，成苗率下降。为提早发芽，争取多发芽、多成苗、多繁殖，要采取如下有效办法：初冬摘除花蕾，保存养分；入春封闭四周，提高兰棚温度；装备调温、排气设备，保持兰棚适宜温湿度和空气新鲜；防止春雨袭击；秋末做好兰棚保温，延长幼苗生长时间，争取秋发二度成苗，不受来年春天影响。　　　　（福建/杨际信）

# 用盆内分割法快速繁殖寒兰

我们采用盆内分割法来进行冬寒兰快繁，几年下来，收到较好的效果。具体做法如下。

①种苗定植：在冬寒兰花期后的 11~12 月份，将寒兰割成两苗连体的一丛，用 70% 的"三合一"植料、30% 的植金石，混合后加少量山采腐殖土，定植于兰盆内。

②分割时间：寒兰生长到第二年的 5 月中旬至 6 月上旬，一般情况下，前垄新芽已生长到 15~20 厘米，新叶散开成喇叭口。此时，新苗已发根，有吸收养分的能力，气温也最适合兰花的生长。

③控水：在分割前后均须控制浇水。分割前控水 2~3 天，为的是在分割时避免芦头表面湿漉漉的，芦头吸水过饱，造成分割时不必要的困难。分割后控水 1~2 天，目的是为了割口干燥，容易愈合，避免病菌的入侵，保证植株健康成长。

④分割：分割前将盆内植料倾倒掉一部分，使芦头露空；像树根盆景的提根，晾干芦头表面水分，清理附着在芦头上的杂物，仔细寻找爷草和父草连接处最细小的位置；用消毒过的剪刀割开，使植株成为后垄单一爷草、前垄父子连生的两小丛。

⑤培土：分割后不要急于培土，仍然在提根状态下晾干切口，也可稍见阳光；1~2 天后割口干燥愈合，再将盆土培至原来位置，并适当浇水。

以后就按正常的管理，这样分割后的父子草不受影响，继续生长。15~20 天后，爷草即可分化新芽，至下半年的 11 月份，父草的子草与爷草的新草先后成苗。来年 2~3 月也基本同时带出下一代的新芽。

有 3 点需要说明的：一是寒兰的成长速度相对缓慢，1 年只发 1 次芽，即使温室种植，影响也不明显，所以温室种植的寒兰与常温种植的寒兰，

分割时间大致相同。二是爷代老草发了新草后，并不会倒苗，至来年的5~6月，下一代新草又发育至15~20厘米时，又可以用同样方法重割1次。重割后的爷草，非但不退，还照样发出"老来子"。三是分割后的草，一般发花率较低，但也有例外：前垄父子草，抽蕾三箭；后垄爷草的新苗，也将长成大草。四是原生种寒兰的发苗率一般较低，在50%以下，用盆内分割法，两苗种草，1年能发两苗新草，发苗率可达到100%，这样寒兰也就不难繁殖了。

（浙江/洪黎明、王德仁）

# 如此养建兰

养兰场所一定要空气新鲜无污染。对家庭养兰来说，一定要避开空气污染源，如厨房等，给兰花创造一个盆挨土、叶喝露、偶淋雨的生长环境。

养建兰的植料必须选用疏松透气、利水保肥、pH 5.5~6.5、含腐殖质丰富的土壤。笔者采用的植料配方：草炭土30%（四川产的精洗草炭最好）、蛇木15%、柳树皮块10%、仙土10%、植金石（兰石、火烧砖粒）35%。经实践，用这种植料养建兰，能使建兰芽多、根旺、苗壮。

笔者养兰多年都是用自己泡制的肥。泡料采用马蹄、鱼鳞、鸡毛、豆饼、淘米水等。因泡的时间长（8年以上），基本没有臭味。笔者认为这些自然的东西，要比化学的东西好，每年的1月、7月、8月、12月不施肥，其他月份每次结合浇水都要加少量原汁液肥（1：50左右），切记宜淡忌浓。这样施肥养出的建兰，叶发亮，姿态美，株健康。

治病要以防为主。笔者认为将兰养壮了，病自然就少了。当然，加上药物杀虫灭菌（按药物说明书使用），病虫害问题自然就解决了。

春兰花少，蕙兰花难，莲瓣怕热，墨兰怕冷，寒兰难发，春剑易病，唯独建兰适应性广，抗逆性强，易养易着花。但要牢记养兰心莫急，这是养好兰的原则，只要用心就能养出理想的建兰。

（河南/许奇）

# 叶艺兰莳养误区

叶艺草在原产地一般都生长在通风较好的地方，根系小，假鳞茎也小。在莳养中要注意以下几个问题。

①不提倡定向栽培。一旦脱离母体，自身的养分跟不上。初时养植又不可施肥，带来了莳养上的困难。此外，如非春蕙兰发芽期，不宜浇施什么促根生、兰菌王之类的含激素肥料，此时叶艺兰处于伤病恢复时期。应在3月份兰花生长旺季，浇施促根生之类的肥料，让其生根发芽。

②不提倡硬植料莳养。野外的叶艺兰一般都是由实生苗变异而来，由于受土壤因子、气候因子、阳光因子环境等因素的综合作用而产生变异。在我们的莳养中就应提供相应的生长环境和植料。在笔者莳养的叶艺兰中发现同样的品种由于植料的不同效果大不一样。采用山上的植料种养的效果甚好，根系粗壮，兰株旺盛，年年开花。至于植料其实很简单，70%左右山上腐殖土、15%砻糠灰、15%煤球灰，上盆后假鳞茎上面盖一些硬植料，以利浇水。

③不提倡深植。凡上山采过兰的人都知道春蕙兰的根系入土不深，说明在我们种养时应浅植为好，传统种法相对植料较细，采用硬植料不存在这个问题。

④不提倡少晒太阳。平心而论，在笔者莳养过程中只要伏盆了，叶艺兰就和其他兰苗一样管理。阳光的不足带来了根系的不发达，假鳞茎不充实，发苗困难，成苗慢。

⑤不提倡不施肥。笔者发现稳定的叶艺不管施什么肥，都不成问题。确要跑艺的，什么都不施也无用。肥料是植物生长的基础。当年春苗长出，在当年的9~10月份浇施几次农家肥，直至此盆兰苗全部复壮，约需3年。此时的兰苗不管你怎么种，采用何种植料都没有关系。

⑥不提倡勤翻盆、勤分苗。叶艺兰的习性相近于蕙兰，不能轻易翻盆及分苗。它的恢复能力比较差，原本很好的兰苗一旦翻盆及分苗，兰苗极易焦尖；管理浇水不当，还会带来黑斑病。过湿的兰盆是黑斑病病菌的温床。特别是 7 月、8 月、9 月 3 个月要做到不干不浇，宁干勿湿。

（浙江／涛艺兰苑）

# 吴森源养兰要诀

台湾吴森源养兰数十年，养的各类兰花品质都十分好，经验十分丰富。其养兰要诀如下。

## 一、植料

旧植料一定不能再用，即使经过怎么洗怎么处理都不能再用于养兰。旧植料用于种菜或种其他花很好。这就是农业上所说的土地忌连作。

**高手这么说**

> 植料上盆一段时间后，一翻盆，植料就不能用；如果再用原来的植料上盆就会烂根，其原因是根系的分泌物酚类物质在植料中的分布发生了改变。如果不动盆内植料，一种植料用两三年还可以。

## 二、用盆

小盆用细点的植料，大盆用大点的植料，便于统一浇水。盆不用太大，盆小点，根长得满满的一圈，很容易开花；如果用太大的盆，营养都用于长根，不容易开花。

## 三、施肥

花宝是很好的肥。据说，全世界只有两种东西的配方还搞不清，一

是可口可乐，一是花宝。花宝用于浇更好，浓度 2000 倍液。喷洒省事，但会浪费一些，每盆成本约两元。磷肥可在小苗叶片张口约四指宽时施用。魔肥可用于催花。磷肥催花效果明显，可在立秋花芽分化发育时施用。

## 四、浇水

要让植料干干湿湿，盆面干了就可以浇。雨天尽量让植料干，晴天要让植料湿。

## 五、病害防治

兰花发病往往是管理出问题，例如烂头烂芽，多是芦头埋得太深。芦头最好大部分露在外面，特别是蕙兰。上盆时要把枯的叶甲修去，不然浇水时水留在里面就容易烂头。防治病害要在管理上下功夫。

兰花 90% 的病害是真菌性的病害。辨别真菌性或细菌性病害不难，前者臭味小，后者臭味大。有一个鉴别的土办法：买一个白菜切开，将病兰株患处的液体涂在白菜切面上，如果第二天白菜切面烂了，说明是细菌性病害。细菌性病害用链霉素之类的农药。

据台湾有关农业部门试验，德国拜耳公司生产的扑克拉锰（英文咪鲜胺锰盐的音译），对真菌的效果最好。它的作用机理不是杀死病菌，而是将病菌包住，抑制病菌，因此没有抗药性问题。病菌害虫是杀不完的，用药只能一时起作用。

喷药时，要注意喷叶片背面，叶片正面有蜡质，病菌不容易附着。喷农药时配合用展着剂，让农药更久地附着在叶片上，效果更好。一般一种药用 6 次后更换。

 高手这么说

炭疽病菌孢子一般在叶片湿时附着在叶片上，一旦附着在叶片上，4 个小时后孢子就开始发芽。叶片干时不容易附着。因此，兰花喷洒水后，应让叶片尽快干爽，切忌叶片过长时间保持湿的状态。

（台湾/吴森源）

# 植料选配经验

# 到底哪种植料养兰好

养兰，到底用哪种植料好？

笔者的 3 位兰友分别用不同植料，所养的兰花长势不同，从中似乎可找到答案。

与笔者相邻的邓中选先生，已年逾古稀，读过四书五经。从 2001 年开始养兰，就是从蕙兰、豆瓣兰、朵香春兰的生长地挖回来的腐叶土，筛过以后，用来养兰的。邓老常读关于兰花方面的书刊，非常相信书刊上的养兰经。他用腐叶土养兰几十盆，每年发的新草芽壮，开的花好，新草不倒，老草不烧尖。邓老说，用腐叶土养兰好，植料取之不尽，又不要花钱，植料的润湿度容易掌握，关键是要根据不同季节，在供水的时间和水质、水量、水温上把好关。

水布垭镇信用社邓正舜先生，刚过不惑之年，从 2002 年开始业余养兰，购买不少兰家著作。邓先生为人谨慎、稳重、沉着、善思，处事认真，对感兴趣的事喜好探索和研究。他至今用的是火烧砖的大颗粒（直径不超过 1 厘米）和细颗粒（直径 0.5 厘米以下）加入 30% 的兰花泥拌匀做植料，莳养蕙兰、豆瓣兰、朵香春兰、建兰、寒兰、兔耳兰 20 余盆，长势相当好，让人观赏后，心里很舒服。2003 年 11 月，邓先生采到一苑一株叶尖带艺的嘴草（豆瓣兰），用这样的植料莳养，2004 年初夏发一芽，形色很不一般，到了中秋以后，一株银白色的缟艺草长成，煞是好看。

家住野三关镇的邓学俭老师，已退休好几年了。一次体检中，发现脂肪肝，医嘱需适当增加运动量。于是，从 2003 年春天起，邓老师离开了麻将纸牌桌，手提花篮，带着小锄头，登山寻觅采挖兰草，开始养兰。邓老师莳养兰花的植料，可能绝大多数的兰友不会苟同，就是从山上挖来的黄泥巴，死板板的，看似既无一点肥力，又不疏松。可是，邓老师用黄泥巴莳养的兰花，不仅不烂根，根还长得好，根的水晶头白嫩白嫩的。一盆蕙兰有三秆花莛开花。兰花叶片的颜色深绿，有光泽，不烧尖，叶甲不枯。邓老师的兰园在住房顶层，无篷盖，全露天莳养。"这样能让兰草充分接受天地间的灵气，兰草不愁长不好。"邓老师一本正经地说，"黄泥巴也是土，土生万物。凡是生长有兰草的地方，不只是哪一种土适合兰草生长。"邓老师给兰盆灌的水，是用烧过的草木灰浸泡以后澄清的水。

以上 3 位兰友养兰分别使用不同植料，兰草的长势都很好，说明养兰的植料，可以因地制宜，就地取材。当然，也要区别不同情况，讲究科学的莳养方法。

**刘教授提示**

无论是用哪种植料，植料不易板结是前提。黄泥巴也应当是那种含一定砂质不发黏的，否则容易板结，养好也是不可能的。据兰友实验，用不发黏的黄泥巴种植寒兰效果特好。

（湖北／陈方楚）

# 自制养兰好植料

笔者在养兰过程中，试用过珍珠岩、松针土和苔藓等多种植料。珍珠岩透气性极佳，但质轻易飘，稍不留意就飞出兰盆，将家里弄脏。松针土透气性不够好，兰花生长得不是很好。苔藓养兰还可以，但在实践中发现由于苔藓保湿性太强了，多少影响了一些透气性。笔者曾在 1 个用苔藓栽种的兰花盆的下层放置了一层桃核。一段时间后起盆一看，下面齐刷刷新长出一层嫩白娇丽的新兰根，令人喜出望外，也使笔者产生了用更好的植料种兰的愿望。

最近，笔者想到如将木头、竹子、玉米棒子心等燃烧或高温烘烤，使

其炭化，再敲成小块用于种兰，效果应该不错。

通过实践，笔者将身边便于找到的玉米棒子心炭化后，发现可轻易地敲成小块。用于种兰，保湿性十分优良，由于植料呈块状形，透气性自然也是十分优异。炭化后的玉米棒子心还有质量较轻的优点。此外，也可将干草和麦子、稻草的秸秆烧成草炭，用于种兰。

如果一些城市里的兰友自己不便烧制炭化植料，也可到观赏鱼市场购买散装的活性炭颗粒用于养兰，价格也不贵，在本地市场为每千克 5 元。

（新疆 / 王治宇）

# "八合一"植料养兰好

养好兰的根本是养好根，养好根的基础是选好基质。因此养兰选植料十分重要。大家知道，兰花喜爱疏松肥沃、通风透气、润而不湿、干而不燥、肥分合理的培养土。有人说："根是嘴，料是饭，生长好坏自己拌。"下面根据自己养兰的经验谈谈养兰植料的用法。

①草炭土：它是地面生草本植物，经多年自然熟化而成。含有充足的有机质和一定的养分，透气、保水、散热、沥水性能都很好，特别适宜兰科植物生长。用前要进行筛选消毒，留粗除细，呈头发丝状（长 5 厘米左右）最好。

②仙土：其土质不松散，颗料小孔多，透气性好，内含丰富的氮、磷、钾等多种元素，用前需用净水浸泡 2~3 天。

③柳树皮：其质地松散，重量较轻，吸水后蒸发慢，保水、保肥作用良好，耐湿、耐腐，内含天然的柳酸和阿司匹林，对兰花的生长、发根、发芽具有很好的促进作用。用前将其铡成长 1.5 厘米左右的小块，洗净暴晒，干透后使用。

④麦饭石：它是一种药用岩石，内含大量的矿物质和微量元素，对兰的生长有益，还具有良好的透水、通气性，无污染、无病菌之患。特别对

叶艺兰有促进叶艺的作用。用时铡成长 1 厘米左右的小块效果不错。

⑤兰菌土：它的特点是透气、保湿、不板结、肥效均衡，能培养有益菌，预防酸化，刺激生根点，促进兰花生根壮苗。

⑥火烧红砖粒：富含兰花生长的矿物质和微量元素，并经高温杀菌而成。它无毒、多孔，透气沥水作用好，但用前要用净水浸泡"退火"。

⑦植金石：它是通过科技手段加工的一种火山石，具有多孔、体轻、透气等特点，是排水性、吸水性俱佳的养兰植料。它吸水后色泽金黄，对判断给兰浇水时机可起到指示作用。

⑧蛇木：它是一种非常优质的透气、沥水材料。掺入植料内具有排水、散热、抗腐蚀、不变质等优点。

养兰所谈到的通风和透气是两个概念：通风指的是环境，即养兰场地要空气新鲜、流通、不闷热。透气指的是植料，即养兰植料要沥水、通气、保润、不涝。以上谈的 8 种植料都是透气的材料，使用时要除去粉尘，洗净暴晒（或消毒灭菌），按每种占 1/8 的比例混合成一体即可使用。实践证明，"八合一"植料能产生互补性，使植料营养、透气、保润更加合理，3~5 年不换盆，能使兰生长健康，发苗多而壮，根如玉，叶艺更漂亮。 （河南/许奇）

# 珍珠岩，栽兰好

珍珠岩质轻、松软、无污染、无病菌、酸碱度适中，用于养兰，兰根生长、下伸无阻力，根系多直立下伸，色白健壮。珍珠岩含水量适中，滤水性较强，在有底孔的花盆中绝无积水现象。又因其散水性缓慢，就是到了该浇水时忘了浇水，也不会过分干燥，所以在浇水过多或过少的情况下，都不会有伤根、伤苗，更不会出现因基质过干兰苗生长受阻现象。经过两年多的对比实践，笔者认为珍珠岩是一种无土栽兰的好基质。

用珍珠岩作无土栽培基质养兰有如下优点：一是无菌，不易发生病虫害。二是即浇即透，不会发生浇不透或半截水现象。管理简便，不用泡盆给水。三是质轻，减少了劳动力，更大大减轻了阳台的承受力。但是，珍珠岩也有其缺点：一是珍珠岩自身无任何养分，必须靠外界的肥分来源，要定期浇灌营养液和加施叶面肥方可满足兰苗生长的需要。二是珍珠岩在阳光照射下，表面极易出现绿藻。为了防止绿藻滋生，可在表面盖上一层豆粒大小的小石子。豆粒状小石子可到卖观赏鱼的鱼店去买。这种石子是鱼缸中底部使用的，较圆滑，没有尖锐的棱角，不会伤及叶芽和花芽。同时还具有良好的观赏性，可增加盆面美感，清秀雅致。至于色彩可根据自己的欣赏水平和花盆的颜色而选择。珍珠岩质轻，在给兰花喷水、浇水时易被气流或水冲走而流失，有了小石子的压力，就没有这个弊端了。盆面盖一层小石子，实为一举多得。

养护管理没有特殊要求，和一般养兰一样，只是在兰株生长季节要注意施肥。必须施用全元素化肥，目的是不让兰株出现缺素症，使兰株能够均衡地生长。笔者一贯做法是，从不浇清水（无肥水）。只要是浇水，水中必加入适量的营养液或固体肥料（固体化肥要充分溶解后再浇施）。使用化肥或营养液时，要按生产厂家产品说明书使用，切记不能超量，以免发生肥害。兰花生长季节一定加施叶面肥，每周1次。生殖生长期可偏重施用磷钾肥，对开花非常有利。冬天，兰株处在半休眠期阶段，11月、12月至翌年1月只喷施叶面肥就能满足其需要了。

珍珠岩含水量适中，珍珠岩的孔隙度为93%，浇水时，由于水分张力小，容易流动，因此，珍珠岩易于排水，易于透气。栽培含水量（最佳水气比例）要求严格的兰花时，选用珍珠岩是比较理想的。据有关资料介绍，特别是栽培一些喜酸性的南方花卉时，珍珠岩更能体现出它的优越性。珍珠岩其本身含有钙、镁、锰、铬、铜、硼、钼等，但多不被兰花等植物所吸收利用，这就是使用珍珠岩栽兰时一定要按时施肥的原因。

在购买珍珠岩时，最好选择大粒者，更有利于透气性。装盆使用时选用半干者，半干时珍珠岩呈散粒状，利于填实根部，盆中不会出现空洞。珍珠岩水湿时易于黏附成块状，不便装盆。珍珠岩粉尘对嗓子有较强的刺激性，在使用前要先将其用水喷湿，防止粉尘飞扬。珍珠岩含有氟，对植物有害，使用时要用水冲洗两遍后再用。

在购买珍珠岩方便的都市里，可单独使用珍珠岩。购买不方便时为了节省珍珠岩，可采用珍珠岩和炉渣 1 ：1 配比使用，其效果一样。炉渣要筛取绿豆粒大小者。但不能使用蜂窝煤炉渣。

珍珠岩使用 2 年后，可能出现无机盐附着，遇到这种情况，可采用软水（开水凉凉之后）浸泡两天后捞出重复使用。

最后，值得提醒的是，少数兰友一看到报刊上有新的栽兰基质介绍，便如获至宝，全部更换上新的基质。笔者认为此法不可取，正确的方法是先拿一两盆兰花做试验，待到成功有把握时再将栽培的兰花逐步更换上新的基质。

**刘教授提示**

珍珠岩确是性价比极高的好植料，其性能与植金石相似，在园艺上早有应用。用珍珠岩掺等量腐叶土，可弥补其不含养分之不足，栽培效果佳。

（山西／金翁）

# "傻瓜土"：养兰好植料

许多兰花爱好者都经历了植料反复更改的历程，福州兰山四季兰园郑为信也不例外：10 余年前初养兰花时取山上的腐叶土莳养，但使用一段时间后易板结，透气疏水性也变弱，兰花的长势并不好；之后，改用流行的颗粒植料养兰（其间也试用了多种植料），这虽然解决了兰花容易积水烂根的问题，但兰花长得也不是很理想。其原因是颗粒植料养分不足，加上家庭养兰不像兰场一样有配套的施肥管理措施，提供给兰株的养分不足。此外，对于家庭养兰而言，阳台上的燥风较大，兰花的水分管理也难以做

到尽善尽美。

正在郑为信彷徨迷茫之时，受福州兰家林圣洲用腐叶土加颗粒植料养兰成功的启发，他再次把目光投向了腐叶土。他明白腐叶土最大的问题是用久了会板结，如果能解决这个问题，腐叶土将是十分理想的植料。如同中医师攻克顽疾时调遣药性不同的中草药进行配伍一样，郑为信也在寻找能阻止腐叶土板结的混配植料。他通过多方寻找、试验，确认珍珠岩正是他要寻找的那味适于与腐叶土"配伍"的"药"。

珍珠岩本身为颗粒状，颗粒中又有许多细孔隙，其性能与植金石相近（价格比植金石低廉许多），既透气、疏水，也有较强的保湿性，在园艺育苗与栽培上早有广泛的应用。在腐叶土中掺入珍珠岩，大大强化了腐叶土的蓬松性，基本上可以解决腐叶土板结的难题。为了更进一步提高植料的蓬松性，他还选用了小块腐熟松树皮等作为混掺的植料。经过反复试验，终于形成了他自己独特的腐叶土混合植料配方：

1份腐叶土 +1份珍珠岩 +1份小块腐熟松树皮（也可加1份塘基石）（均指体积）

**高手这么说**

用这一配方配出的植料结构极为蓬松，透气性、疏水性、保润性俱佳。这种腐叶土混合植料有三大优点：一是水一浇，很大一部分漏掉，植料不容易积水，兰花不容易烂根；二是植料中贮有一定的水分，能够保持较长的湿润状态，有利于兰花生长；三是植料也不会一下子由湿润状态变为过干状态，而是慢慢地变干，这样对浇水时间的要求也没那么苛刻，早一两天或迟一两天浇水问题都不大，兰花的管理也容易了，难怪有兰友称此植料为"傻瓜土"。

经郑为信及福州兰友多年试用，采用"傻瓜土"养出的兰花苗壮根健，效果十分理想。

（福建/刘宜学）

# 幼弱兰花栽培基质的选择

为使兰株能早生根、多生根、根系更舒展、生长速度比在紧实的土壤里长得快，人们常用废菌料、新鲜木糠、河沙、珍珠岩等介质代替土壤，进行无土栽培。

十全十美的栽培介质是不存在的。但凡一种栽培介质总是有其利也有其弊，有的利多弊少，有的则利少弊多。选用栽兰基质时，首先要了解所选基质的利与弊，而更重要的是要权衡利弊，合理选用，科学搭配，取长补短，扬利避弊，相得益彰。

## 一、废菌料

培育香菇、蘑菇、木耳等食用菌后的废菌料是培植兰花的良好介质。各地的食用菌厂、食用菌研究所、菇农每年都有大量废菌料可供利用。蘑菇废菌料即蘑菇采收后废弃的剩菌料。它是用稻秆、牛粪沤制而成，其废菌料松软透气，富含肥分。培育香菇用的原料以杂木糠为主，掺有少量尿素、葡萄糖或白糖等物质。香菇废菌料是培育香菇后废弃的糠包，俗称香菇土，疏松质轻，肥分适中。香菇土宜选已经充分腐熟，呈黑褐色者。

废菌料用于植兰具有较多优点：

①取材容易，松软质轻，不易板结，透水透气性强，蓄水保肥性能好，用其植兰，根系发达，根粗雪白。

②兰苗茁壮，叶片宽厚，叶色浓绿光亮，开花萌芽率高，花朵大，花期长，盆面杂草少，发病率低。

③香菇土呈微酸性，养分含量适中，肥效期长。一般不缺有机质和微量元素。

④比珍珠岩、蛭石更轻，作为屋顶天台及楼房阳台莳养兰花的基质最

理想。香菇土特别适宜栽植春兰，用其培育叶艺兰，叶艺表现更明显。

废菌料用于植兰也有缺点：

①易生杂菌菇。若让杂菌菇在兰盆中腐烂，易招引苍蝇、蚂蚁，引发病虫害。所生杂菌菇可人工摘除。

②盆中易长蚯蚓。蚯蚓伤兰根，对植物有过亦有功。蚯蚓量少，不必杀除，蚯蚓量多，可用敌百虫 500~600 倍液或农村常用的"茶麸水"浇灌杀灭之。

笔者多年试用香菇土，不论是单独使用，还是作为混合料的介质之一，兰苗长势均良好，叶艺兰不退艺，青叶品易出蛇皮艺。香菇土经人工压碎，在盛夏酷暑炎炎烈日下暴晒 2~3 日，再喷施农药消毒，存放半月后就可直接使用。

## 二、新鲜木糠

木糠亦称锯木屑、锯末，可用来栽兰的木糠常用的有杉木糠、红木糠、杂木糠等。红木糠质硬难腐，杉木糠腐熟缓慢，杂木糠腐熟速度适中，杂木糠以米槠树（山毛榉科槠属）杂木糠为优。松木糠因含重油脂，不宜用来栽兰。实践证明，用新鲜杂木糠栽兰，因其腐熟速度适中，在腐熟分解过程中能够持续不断地给兰苗提供充足的有机质和少量的矿物质养分。

新鲜杂木糠疏松质轻、通气性好、保肥保温能力强。它的透水性极佳，但又能吸收水分，故新鲜杂木糠既能透水且又能保持部分水分，具有一定的保水性。新鲜杂木糠一般呈中性至微酸性反应，价廉物美，取材容易。新鲜杂木糠在腐熟分解过程中，温度比土温高，利于兰苗的根芽分化。用新鲜杂木糠栽兰，最突出的优点是萌根特快，一般栽植后半个月就能暴发性地萌发新根，发苗也多而壮，最适宜用来栽植那些少根的幼弱小苗，也很适合兰苗的定向选育。

新鲜杂木糠用于植兰，也有缺点：

①一旦浇水不及时，干燥的杂木糠就不易吸水，再浇水很难浇透，形成"憎水"现象，使兰苗生长受到影响。如出现"憎水"现象，可改用浸盆法灌水，也可换用在新鲜杂木糠中混入 30% 绿豆大小的红砖粒或粗河沙

栽植，以达避其弊而取其利之效。

②容易诱发水根，根长不分叉，海绵根含水量饱和，致使兰花翻盆起苗时兰根易折断。

③碳氮比过大，不利于土壤微生物活动。

新鲜木糠可否单独使用植兰，兰家看法不一，各执己见。对于少根弱苗，笔者单独使用新鲜木糠栽植，作为其"保命"栽培的过渡措施。幼小弱苗大多是根少苗弱，用新鲜木糠初植可以发挥其萌根快、发苗壮的优点，待这些弱苗根多苗壮后再换用其他的混合料重植。经过上述初植重植之法种植后的弱苗，成活率更能得到保证。据观察，用新鲜木糠植兰的情况是头年生长良好，根多苗壮，萌芽率高。到了第二年兰苗的长势就差了。因而，单独使用新鲜木糠植兰的时间不能过长，一般栽植一年后翻盆换用其他的混合料重植。笔者采用重植的混合料配比是：红砖粒 30%，粗河沙 20%，香菇土 30%，谷壳炭 20%，另加少量骨炭及干牛粪。

## 三、珍珠岩

珍珠岩是铝硅化合物类型的天然矿物，化学性状稳定。它经过轧碎高温处理后具有颗粒均匀、无微尘和杂质、透气和保温性好的特点。用珍珠岩栽培的兰花，其根的长度、粗度比用腐殖土栽培的兰花的根明显要强得多。

珍珠岩比蛭石更具微孔性，是一种通透性良好的介质。珍珠岩作为栽兰介质，可单独使用，也可混合使用。单独用珍珠岩栽培幼弱根少的兰苗，一般栽后两个多月兰苗开始萌发新根。单独使用时，由于珍珠岩不含养分、保水性差，必须经常浇水并施以营养液或喷施浇施植宝素、兰宝等。这就增添了浇水施肥的劳作之苦。珍珠岩虽能吸水，但没有阳离子交换性能，保肥能力差，故而很少单独使用。为利用珍珠岩的优点，以达优势互补之效，笔者将 1/3 的珍珠岩与 1/3 的蛭石及 1/3 的细河沙混合成混合料植兰。这样的混合料具有透气、保水、保肥和压根的优点。实践证明，用此混合料植兰，效果不错。

### 四、砂料

颗粒直径小于3毫米的为砂，大于3毫米的为砾。砂料又有粗细之分，其保水性取决于颗粒大小。颗粒愈小，保水愈多；颗粒愈大，保水愈少。植兰的砂料宜选用纯净的河沙，含有盐分或石灰质的砂子忌用。含石灰质过多的砂料偏碱，会使无机铁等被固定。纯砂一般多作为扦插和播种苗床的介质，也可作为兰花假植的介质。由于河沙不含养分、无微孔性、吸肥保湿保肥性太差，单独使用长期植兰，效果很不理想。

然而，河沙又不失为是一种优良的栽培介质。它的优点是通气性良好；能起催根作用；物化性状稳定；排水良好。故河沙常作为各种混合料中的基质之一而被广泛应用。有人主张用全砂植兰诱艺，笔者试用多年，未见有因此而出艺且能稳定的情况，也未见有这方面成功事例的报道。（福建/张炳福、郑秋香）

# 养兰植料用微波炉消毒好

养兰植料不消毒或消毒不彻底，将给养兰带来很多麻烦，甚至因土壤带致病的真菌、细菌、病毒，使所植兰花"全军覆没"。植料的消毒方式很多，如太阳暴晒、蒸煮、喷洒药物等，这些都比较麻烦或消毒不彻底。笔者用微波炉消毒，操作简便，效果又好。

将植料装入能在微波炉中用的保鲜袋（要用双层）。袋口敞开，放微波炉中用高火消毒6~8分钟。取出后将植料从袋中倒出，摊开散热，冷却后即可上盆。笔者采用此法给养兰植料消毒，所养兰草根系都生长很好，没有病菌感染，也没有杂草萌生。应该说，这种植料消毒方法，非常适合家庭养兰。

（四川/任继雄）

# 颗粒植料消毒法

兰花的植料是兰花病原菌的滋生地，如白绢病、褐腐病就是植料感染病原菌引发的。所以，植料消毒是养好兰花很重要的一环。其实，颗粒植料使用久了，同样会产生病菌，危害兰株。笔者养兰全部采用颗粒植料，而且在封闭式阳台这样优良的环境中，按理说，条件再好不过了，但仍有褐腐病发生。其原因，还是出在换下来的植料未经消毒重复使用。

植料消毒一般有蒸汽消毒、日光消毒、药物消毒。蒸汽消毒效果好，但很麻烦，往往因费事而不被采用；日光和药物消毒较方便，但不彻底，难免有病原菌存活。笔者采用以日光为热能的蒸汽消毒法，既方便又可靠。具体操作方法如下：将翻盆换下来的颗粒植料用大塑料袋装着，待到夏日炎炎时即可进行消毒。先向塑料袋内喷上水，使植料湿润，扎紧袋口（不漏气），置于阳光下的水泥地上暴晒。袋内水分遇热蒸发成水蒸气，温度很高，晒两三个小时即可把植料中的病菌全部杀死。　　（浙江/老铁）

# 选苗上盆技艺

# 兰花杂交育种是怎么回事

近年来，兰花杂交育种异军突起，成为兰花新品种来源的主要途径。作为兰花爱好者，笔者玩兰花一直喜欢追新，所以选择了杂交培育兰花新种之路，从家庭试验到建设基地，至今已从事兰花杂交育种 15 年。

兰花杂交种并非如有人所说，十分简单容易，随便拿两朵花杂交一下就搞出一个佳品来。杂交前需要准备好两个优秀的父母本种源。笔者从事兰花杂交的主要成本既非科技的投入，也非实验室的设施建设，而是对于某些理想种源的选择。由于二三十年来兰园中已积累了丰富的种源，再四处高价求购了部分心仪的名贵品种，这才解决了关键的种源问题。

在兰花开花季节前，准备好几对交配的新种源。如追求荷瓣花，至少得有一个荷瓣原生种来交；追求梅瓣和水仙瓣，则至少得用一个梅瓣来交；其他如奇花、蝶花、色花等欣赏类型也是如此。所繁殖的后代会出现近 10 种左右的不同形态，需要等待开花后再进行进一步选育。有趣的是，出素心花的概率较小，即使用两个素花相交，后代也大多出现彩心花。

杂交的过程必须细心操作，把握在蓓蕾初开 1 周内完成授粉交配，然后隔离单养，以防自然界花粉漂荡混交。受精四五个月后，种子半成熟时就可取种消毒，进入实验室操作了。

实验室培育先要配好培养基，一般用香蕉、苹果、马铃薯或椰子汁、琼脂等作基质，加上适量的氮、磷、钾及微量元素，再加适量的生根促长激素配制而成。现在也有专卖的广谱培养基（MS），通过摸索改进，就可以形成理想配方。培育过程要经过四关：一是诱导（培养基中激素较多），促使种子发芽成龙根；二是扩繁（适当调整与减少激素，促使龙根繁育生长）；三是分化（改变配方，促使兰苗形成）；四是育壮，将长至高 1 厘米以上的瓶苗取出，用营养为主的培养基育苗促壮，所以每隔两三个月就必须换一次培养基。完成 4 个过程后，再经过 3~6 个月，待小苗长大到高 5 厘米时，就可将瓶苗拿到大棚环境中炼苗了。炼苗适应期 10~20 天后，采用小营养杯进行大棚种植。大棚种植小苗的植料一般以软植料为主，如可用树屑 20%、椰糠 20%、草炭 20%、珍珠岩 40% 拌均匀即可。下层用料再加豆粒大的植金石或竹炭二成，以增加透气性。种小苗时，如果用消毒过的青苔浸湿后挤去水分，在根部少量包裹则更有利成活。从种子到小苗的过程需一年半到 2 年。由于各个品种的生长习性不完全相同，而培育时不可能每个品种都做个性化栽培的试验，因此一般都采用统一配方制作培养基，这样难免有一些品种由于基质不适应而难以正常生长。在笔者培育的种源中，就有 8 个种子的龙根，养了 7 年还没形成兰花小苗。

小苗培育成功后，还要经过几年的大棚精心栽培。为避免盆大苗小而出问题，必须先用小号营养钵，一两年后再用中号，再培养一两年后才能用大号盆正常栽培。一般需经过 4~6 年的大棚栽培，才能见到新品种的"庐山真面目"。杂交育种的优势明显，主要有三方面：一是从中可选出瓣形与花色更好的品种；一是后代抗性增强，发苗率增高，易繁易养；三是将不同季节开花的兰花品种进行杂交，可使品种多样化，花期更丰富。

（浙江／凌华）

# 兰花杂交育种会"造出"什么样的品种

杂交育种，到底能选育出什么样的品种？这备受兰友们关注。笔者从以下三方面加以分析。

## 一、从遗传与变异现象看国兰品种的新时尚

遗传，就是杂种后代传承了父本或母本的性状；变异，就是杂种后代表现出与父母双亲不一样的性状。一般情况下，经过杂交其后代的性状表

现规律为: 遗传是相对的, 而变异则是绝对的; 只有变异才会产生新的品种。

兰花是一种高度依赖昆虫等外媒进行授粉结实的植物。由于受时空、气候、环境、季节、花期等条件的限制, 兰花在自然界中的有性繁殖仍然是以种内的近亲杂交为主, 久而久之慢慢形成诸如在一座山上分布着以某一兰种为单位特征的自然"群落"。由于长期处于近亲繁殖的状态, 杂种后代变异系数不强, 因此导致绝大多数兰花花色单调、花瓣狭长, "细花"最少, 珍品更少。有文字记载以来, 国兰的色花、复色花、花叶多艺、素心瓣型花、素心复色花、素心色花等, 一直是广大兰友梦寐以求的。当大自然的"神工"难以造就此类奇花异卉时, 这一历史使命就必然要靠人工育种来完成。

人工育种可以打破客观条件的限制, 依据遗传与变异这一规律, 科学地选择相对应的父母亲本, 可以进行反复的多世代杂交。一般情况下, 为了改造素心兰的花形, 可以安排梅瓣与竹叶瓣素心进行杂交, 它的后代的花形 (包括瓣、捧、舌) 肯定以介于父母性状的中间型为主。如有素心出现, 这肯定是超过现在存世水平的品种。又如将国兰与"洋兰"的红、黄、白等各色花系进行杂交, 那它的后代肯定以多种色彩的复色花居多。当然, 也有可能会出现极少数与作为亲本的"洋兰"一样的纯色艳花。兰花的育种目标是以"花"为中心, 在以市场为导向的前提下, 依靠现代科技神器的孵化, 还有什么样的奇花异草是不能"造出"的呢?

## 二、从显性与隐性基因的相互作用看人工育种之途径

基因是遗传变异的基本载体, 有显性和隐性基因之分, 显性基因主导隐性基因。

在自然界中, 展现在我们面前的国兰的画面是: 花瓣的色彩单调, 以荤色花为主; 素净的舌瓣稀少, 以红紫点点缀为主; 瓣型花数量少, 以竹叶瓣为主; 彩蝶舞翩跹, 素蝶夫难觅; 千梅万水仙、一荷最难求; 素心水仙瓣为数少, 素心梅瓣和素心荷瓣更少!

根据显性基因主导隐性基因这一遗传规律, 透过上面分析的现象去看

其本质，我们就能得出这样的一种判断：国兰花瓣的荤色花、舌瓣的斑点、花瓣的竹叶瓣等在数量上占主导倾向的性状特征，一般是受显性基因控制，属显性遗传；反之在数量上为少数的性状特征，则是受隐性基因控制，属隐性遗传。

按照这个规律去分析，并依据传统的国兰鉴赏标准去衡量，人工育种的杂种一代会大致出现3种类型的性状：大批量的以荤色花、竹叶瓣为主普通草、部分传承了父母本或介于父母本性状的"细花"、数量极为少数的高端品种。因此，人工育种也别无捷径可辟，只能是走"广交、海选、沙砾淘金"的路子。

## 三、从"超亲"现象看人工杂交后代的性状表现趋势

"超亲"现象，就是经过不同方式的父母亲本杂交，其杂种后代由于基因重组，产生显性基因主导或隐性基因主导的遗传变异，导致在某种性状上出现超越亲本的个体的现象。

可以这么判断，杂交双亲血缘的远近、显性基因与隐性基因相互作用转化的强弱，能够决定遗传变异系数的大小。

 **高手这么说**

在实践中，我们往往会觉得杂交新品种的性状，既有父本品种的影子，又有母本品种的特征。其原因一是通过杂交，其基因重组只停留在融合传承了父母双亲的程度，没有实现超越亲本的突破；二是我们对杂交的亲本在平时就过分的熟悉，于是便有杂交后代是谁的小孩的直觉。难怪乎，我们对新下山的品种就觉得很新鲜，因为我们根本就不知道它的父母是谁！

通过对已公布的有文字和图片记载的传统品种和人工杂交种的初步了解，可以说，素心梅瓣在蕙兰中基本没有发现，在春兰中也是凤毛麟角。产生这一现象是由于红紫斑点是显性遗传，在没有素心花粉源的情况下，不管是自然杂交，还是人工杂交，是很难产生出素心梅瓣和素心水仙瓣。

而极少数素心竹叶瓣的产生，也只能依靠基因突变，由隐性基因起主导，把显性基因起主导的红紫斑点暂时"隐去"。在自然界的国兰族群中，竹叶瓣素心仍然位列"细花"行列，可见基因变异概率之少，难度之大。在人工杂交条件下，我们可以有目的地将梅瓣（不是素心）与素心兰进行杂交，按遗传分离规律，它的后代会出现：遗传亲本梅瓣（不是素心）性状，遗传亲本素心性状；变异产生种类很多既不像父本也不像母本的性状（如果此类型中有素心兰产生，会有好的品位出现，但性状表现的差异性不会很大；如果有"超亲"现象的新品出现，那肯定是上品了）。为此，素心类花系仍然是人工育种需要攻克的高地。

远缘杂交，是"超亲"遗传的根本途径。当下主要采用国兰与洋兰等不同兰属之间的授粉交配，以引进远缘血统，改良国兰种性，对于改变国兰花色单调和瓣形狭长的状况特别有效。

综上所述，在人工杂交条件下，国兰花色单调的格局可望得到改变，各种素心兰的花形（包括瓣、捧、舌）可望得到优化，兰友们的梦想将逐步变成现实！

（浙江/吴宗斌）

# 如何选购好兰苗

①品种要纯正。例如春兰荷瓣传统名种郑同荷花苞壳暗猪肝红色，经常带双花，唇瓣中间朱红点呈端正的马蹄状，这些都是纯正品种明显特点。有些湖南草，叶、花都很像郑同荷，就是开花不香。十几年前，有位兰友错将一般建兰当作"鱼鲀"（古代名贵品种），大力发展，几年下来因基数大增，发展到万苗以上。他请老专家、教授鉴定，最后得名"太平鱼鲀"。实际上纯正"鱼鲀"，有古兰书云"花为水色，入水不见"，现在世间是否还存有也难说。因品种不纯正，量又大，无销路，最后让兰花自生自灭。从此该兰友退出了兰界，不再养兰。

②要看花买苗，选购兰苗要谨慎。有机会到各地兰展时，找得奖传统品种引进。经专家鉴定评出的不会出错。现时兰界有一种投资叫"赌草"，大多是种兰大户、老兰友们，为了获得数量极少的稀有奇花新品，在不见花的情况下，就投入几万几十万地买苗。一位兰友买进3苗新品，第二个兰友得讯，争着要分半入股共养，第二年发了几苗，很快被第三者抢着分割了部分买去。因蕙兰菖数少不会着花；有些难得着了花，为了多发苗，露蕾就被剪去，几年下来，总不见花容真面目。大家不去辨明品种是否正确，仍在大户间花重金传递相互引种或共养，实际上他们心中都有个数——怕，却都不说出口。一旦发现品种不纯正时已晚，后果不堪设想。

③最好选购传统种植的苗，容易养。到就近有诚信兰户和兰圃去选种。温室苗价格便宜些，粗看苗情也不错，但要有一两年适应的过程，所以不易种好，发苗率相对来讲要差些。温室苗的特征是，卖相好，叶色较嫩，根色特白。

④要选购三菖以上成丛兰苗。分株时从株间芦头交接"马路"处分出，事先不要强求苗数多少，而应根据实际情况分割。新老苗搭配，买卖双方都满意，一般是一菖一两叶的老草不计价，但是买回后一定要与新苗割开养，否则不利于新苗生长。

⑤要选购大草、壮苗。壮苗植株健壮，叶厚、有光泽，新苗每菖5叶以上，假鳞茎大，兰根一定很好，表现为白、纯、粗、长、多（不同品种，根的大小、长短有差异，仅相对而言）。买壮苗第一次投入可能要贵些，但是春后马上就能多发新苗、壮苗，繁殖力强，而且抗病能力也强。而弱株绝对长不出壮苗来，容易退草老化。蕙兰芦头天生就小，当年新苗要两三年后才能长成，不足龄单株蕙兰不可分割出来，否则更不易养活。

⑥警惕购进带病毒兰苗。兰花病毒寄生在兰花细胞内，繁殖力很高，不仅会传染，还会遗传，目前国内外尚无特效药可治。病毒病症状在新苗上较明显，新叶上出现凹陷病斑，呈图纹斑状。要区别因新苗受肥、药、水害造成的一节或一段明显花纹斑。

（浙江/江城）

# 兰花翻盆要领

在什么情况下需要给兰花翻盆呢？一般有 4 种情况：一是盆栽兰花两三年后，植料的营养已经消耗殆尽，无法满足兰苗继续发育的需要，兰苗显得瘦弱矮小；二是兰花泥经过多年的水淋日晒，结构起了变化，植料板结，影响透气通水；三是兰苗发多了，盘根错节，没有新苗继续发展的空间，也影响兰苗的正常生长环境；四是植料受到细菌、真菌或病毒的感染，给兰株带来生存的危机。在以上这些情况下，兰花就必须翻盆，否则就会影响兰花继续健康生长。

但是翻盆也不是越勤越好。因为兰根与兰菌共生，通过兰菌吸收营养；过多地翻盆换植料，就会影响兰花的营养吸收和正常发育。翻一次盆，换一次植料，就需要重新产生兰菌，兰株需要适应新的环境。尤其是老苗、弱苗，很可能被折腾致死。

兰花翻盆的时间，一般是春秋两季。上半年最好是春分到谷雨，这时花期结束，叶芽尚未萌动，不易受冻害，可以适时翻盆。下半年最好是秋分到霜降，气温下降，兰花将进入休眠状态时翻盆。这时翻盆对兰花生长的影响较少。经过冬季休养生息，营养积累，到春季就能很好地开花发芽。

翻盆的过程也是更换植料的过程，通常采用两种方法：一种是植料全部更换，把老植料完全抛弃，换上经过消毒、没有病菌感染的新植料，增加或补充养分，满足兰苗发育生长的需要。另一种是新老植料混合使用，即在新植料中掺加一部分无病菌的老植料。既有新增的养分供应，又有原有的兰菌保留，能增强兰株的适应力，缩短恢复期，有利于兰株继续健康生长。这两种方法各有利弊，可根据养兰人的具体条件和个人爱好自由选用。

植料是兰花生长的基础，选好植料是翻盆的一项至关重要的工作。好的植料应具备疏松通气、排水方便、营养全面、酸碱适度、清洁无菌等条件。随着兰花产业的发展，养兰的植料越来越多，有有机植料，如腐殖土、竹根泥、泥炭、塘泥、椰子壳、花生壳、锯木屑、树皮、树叶、苔藓等，有无机植料，如植金石、火山石、塘基石、风化石、珍珠岩、粗河沙、砖粒、浮石、煤渣等。现有专门为养兰特制的颗粒植料，如仙土、蛭石、营养土、活性土等。可以自由选择，各取所需。

目前，还有很多人自己配制混合植料。把有机植料和无机植料、硬植料和软植料，进行科学配比，混合使用，达到取长补短的目的。笔者试种过 3 种混合植料，效果都还不错。

一种是仙土、腐殖土和砖粒搭配。比例是各 1/3，也可以根据兰苗的生长情况，增加腐殖土和仙土的分量。仙土团粒结构好，排水透气性强，但保湿功能较弱，掺一部分保水性能强、营养丰富的腐殖土和有大量气孔、可以调节水分的砖粒，可以达到优势互补的目的，有利于兰花的健康生长。

另一种是树皮和植金石搭配。树皮制成颗粒状，分大、中、小 3 种，颗粒相互之间有较大的空隙，浇水后很快从空隙中流走，不会出现积水现象；同时树皮又能大量吸收水分，蒸发缓慢，不浇水时会慢慢释放出来，使树皮保持湿润状态；此外，还有一定的有机质，为兰苗提供少量的养分。植金石有蜂状小孔，排水透气性能好，没有杂质，不易变形。它们相互配合，效果更佳。

再一种是经过发酵的树枝腐叶和碎石搭配。树枝腐叶质地轻，透气性

**高手这么说**

其实，世界上没有十全十美的植料，各有其优势，也各有其弱点，可就地取材。只要掌握其特性，实行科学配制，使其结构蓬松、种植过程不产生有害物质就可以了。

强，呈微酸性，含有丰富的营养元素，又有较好的保湿功能。碎石没有病菌感染，不会变形，可以稳定植株。双方优化组合，也是一种比较理想的混合植料。

植料的选择要与兰盆相互配合。目前，市场上兰盆的种类繁多，形形色色，应有尽有。笔者用得最多的有3种。初期用瓦盆，透气性好，加上用保水性差的仙土当植料，兰盆就经常处于干燥状态，影响兰株的发育。以后植料改用保水性好、有机质丰富的腐殖土、腐叶配套，效果就好一些。后来采用一部分塑料盆，保湿性好，轻便；但透气性差，与腐殖土和塘基石配套，如果水分控制不好，长期处于积水状态，就会影响兰根的呼吸，容易造成霉根。塑料盆与排水性能好的仙土搭配，就比较理想。现在笔者改用汗泥盆，既有较好的透气性，又有一定的保湿性能，而且与紫砂盆一样美观大方。与树皮、植金石配套使用，效果更为理想。

消毒也是翻盆的一项重要工作。对备用的新植料，分别不同品种，采用暴晒、蒸煮、药物等各种方法严格消毒。旧盆最好用广谱杀虫剂、灭菌剂稀释液浸2小时，然后用清水洗净。翻盆中使用的工具，如剪、刀、铲等，也要经过酒精或药物泡浸消毒。对旧盆中倒出来兰株，要用清水冲洗干净，剪除枯根、败叶和腐朽的假鳞茎，在甲基硫菌灵、百菌清等农药稀释液中浸泡1小时，然后洗净晾干。在翻盆结合分株时，对分株的创口，也要涂上硫黄粉、木炭粉或甲基硫菌灵等药物，避免病菌感染。

上盆栽苗时，在新盆底要放上砖瓦碎片或定制的塑料罩，盖住排水孔。底层放颗粒较粗的植料，以利兰根透气排水，然后放入兰株，理直根，使其自然舒展。操作过程要小心谨慎，不要折断兰根、嫩芽，碰伤新根的水晶头。要一手扶植株，一手添植料，由粗到细逐层填放，边填边轻拍兰盆，使盆土与兰根紧贴。在假鳞茎附近，要盖上较细的植料，以利保持水分、养料，有利生根发芽。翻盆后要放在阴凉通风处，不要马上晒太阳，至少半个月后，再转入正常管理。

（浙江/寿济成）

# 线艺兰怎样拆株分盆

冬至节令，正是线艺兰分盆时节。根据线艺兰遗传的特点，先观察叶艺的表现、株体的强弱、兰头的大小，以及发展潜力等有关情况，然后考虑择优选育。

**高手这么说**

线艺兰的线艺遗传现象，可以从兰株叶面线艺表现的状况看得出来——叶艺表现好的，线艺的传承就强；叶艺表现差的，线艺的传承就弱。例如，一株线艺兰，左边叶片的线艺好，在叶脚生长点发出的芽会好；右边叶片的线艺差，在叶脚生长点发出的芽就会差。同理，一片叶在左边的线艺好，在叶脚生长点发出的芽会好；右边的线艺差，在叶脚生长点发出的芽就会差。这种"强者自强，弱者自弱"的特性，是线艺兰遗传性的基本特点。利用这个特点，在新株孕育新芽之前，选择叶艺较好的一面，贴着叶脚的生长点，埋放一颗棉花团（用作保湿），然后定向摆放在背光的位置（风热小，湿气大），在较高湿度的环境中，诱发新芽。这样，可以保持良好线艺的延续，为发展打下基础。如此做法，通常成功率达60%~70%。

选育的对象，主要有三代连体（子＋母＋爷）和四代连体（子＋母＋爷＋太）两个类型。

为了便于叙述，本文使用以下符号和代号：

子、母、爷、太表示兰株的辈分。

上、中、下表示叶艺质量的等级。

－表示分株的符号。

＋表示兰株连体的符号。

## 一、三代连体类型

线艺兰达到三连体，一般来说，是该开盆分株了。它能保证兰株数量

的增加，又能保持线艺质量发展的条件。

1.子（上）+母（上）+爷（上）型

这是线艺高质量的组合，也是实现本艺和艺向飞跃的基础。分株有3种选择：

①子（上）－母（上）－爷（上）式。这种结构，把连体一分为三进行单株种植，是一个拼搏进取的做法。它博了数量，又扩大了艺兰的底子。由于子、母、爷三代的线艺质量高，传承的力度大，因此尽管单株也可以保证后代在线艺质量上稳定发展。但毕竟体单力薄，后代的体质受到影响而走弱，非经历一两代的培养不能复壮。这期间，整体的线艺品位也不会有大的突破。

②子（上）+母（上）－爷（上）式。这种结构，采取子母连体，爷枪单行，是个强劲的安排。母子连体能集中能量传承后代，自然有个良好结果，从而使线艺质量进一步提高。同时，让爷枪发挥"余热"，争取有个好的后代。

③子（上）－母（上）+爷（上）式。这种结构，采取子枪单体，母爷连体分植，发展也是很强的，但爷枪在这个连体中成了配角，有点"大材小用"，很可惜。

2.子（上）+母（上）+爷（中）型

这个形式，分株有两个选择：

①子（上）－母（上）+爷（中）式。这种结构，有母爷连体发挥潜力，整体在保持稳定发展的基础上质量会有所提高。

②不分株，让它继续种植，四连体时分为子＋母－爷＋太两个连体，前景会更好。

3.子（上）+母（中）+爷（上）型

这种结构，采取子（上）+母（中）－爷（上）的形式比较好，因子母连体的遗传力强，是稳中求进的做法。而爷枪单体，也是个好的选择——让老头发挥"余热"。爷枪线艺好，又经过长时间的休整，若再行生殖，后裔"出类拔萃"。

4.子（上）+母（中）+爷（中）型

这种结构，选择子（上）-母（中）+爷（中）的形式比较合理，它可以在线艺质量发展的基础上求进取。

5.子（上）+母（中）+爷（下）型

这种结构，只能采用子（上）-母（中）+爷（下）的形式较为适宜，可以使线艺质量平稳进展。如果不分株，继续种下去，前景会更好。

6.其他结构

子（中）+母（中）+爷（中）型、子（中）+母（中）+爷（下）型、子（中）+母（下）+爷（下）型、子（下）+母（下）+爷（下）型等4种结构不适宜分株，可延至四连体后再行择优选育。

## 二、四代连体类型

如果让上述三连体的兰花长到四连体时再分株，对线艺的发展来说，应该是更有利的。线艺兰达到四连体，基本具备冲向本艺——最高境界的能力（如绀帽子类的中斑艺达到中透艺），也可促进艺向演变，提高品位（如斑缟类的斑缟艺变成绀帽子类的中斑艺）。但是，从增产的角度考虑，兰株到了四连体才分株，对繁衍数量来说就不划算了。

兰株长到四连体时，一般情况下，有不少兰株（指太株）开始步入老化阶段——叶无光泽，根系残缺，功能减弱，成了分株的一个变数。因此，一般不会把兰花种到四连体后才分株。

1.子（上）+母（中）+爷（中）+太（中）型

这种结构，以子（上）+母（中）-爷（中）+太（中）的形式分成两个连体，是最稳健的做法，其走势趋强，稳中求进。

2.子（上）+母（中）+爷（中）+太（下）型

这种结构，以子（上）+母（中）-爷（中）+太（下）式的形式分成两个连体。相较于上一个形式，只是太枪稍弱，但整体的发展也能稳中求进。

3.其他结构

子（中）+母（中）+爷（下）+太（下）型、子（中）+母（下）+爷（下）

+太（下）型、子（下）+母（下）+爷（下）+太（下）型等3种结构都不宜分株，应让它继续生长，只要株体有线艺因子的存在，就算下等叶艺（哪怕近乎青叶）的三连体或四连体，也会出现中等或上等的叶艺来。这些情况是常有的。

（广东/谢宝明）

# 兰花深种和浅种利弊

在翻盆时，就会考虑兰草种得深和浅的问题。到底是深种好，还是浅种好？

其实，在兰草原生地会发现，在山上的兰草，它们的老芦头大多是半露在地面上的，记得古兰书《兰易》上有这么一句话："兰喜土但畏厚。"可见，在自然野生的兰花中，大部分兰根是生长得很浅。于是，也有人总结出了"兰花种得好，风吹都会倒"这一经验。兰花种得浅，把大部分的老芦头暴露出来，多接受光照和新鲜的空气，在一定的程度上减轻水、肥对老芦头上的根和芽的生长点的伤害。那么，就使得老芦头易起芽，多起芽。当然，芽多了，因为营养成分的供应关系，芽相对来说要弱一点。

兰花种得深，把老芦头埋在植料当中，在平时的管理当中，特别是浇水和施肥时，容易把肥、水浇进中心叶，那么，新苗就容易倒苗。如果是大水养法，因叶柄和植料紧密接触，就容易使叶柄受到水伤，然后折叶。不过，如果种得深，在一定程度上可以让新的芽点积蓄力量，这就好比是以前要给两个芽点"吃"的营养给了一个芽点吃，让新芽"吃"足营养，让它在出土的过程中，不停地冲破阻力，增加了出土能力。一般深种的新芽比较壮大。因此兰花种得深，就容易出壮芽。

如果我们先把兰花种得浅，让它充分接受光照，那么就有可能多发芽，然后在看到芽点后，再用一层水苔把老芦头包起来，模拟兰草种得深的环境，来增加盆面的厚度，并采取适当的水肥管理，这样芽多且壮，两全其美。

笔者种的兰草盆面砖粒比较大，就是先把兰草种得浅一点，然后用大块的红砖粒放在老芦头四周，给他一个种得深的小环境，目的也是想浅种深护理。由此可见，深种和浅种各有利弊，但只要管理得当，优势互补，可以让兰芽多发、长壮。

**刘教授提示**

一般采用颗粒植料，环境风大的，兰花应种深些；采用粉状植料、环境空气湿度高的，应种浅些。

（浙江／下山新兰）

# 米笋养兰

笔者经常与兰友一道，走村闯寨，选购兰草。在不同的地方，遇到几家兰农用旧米笋来栽培兰草，生长势良好。笔者认为此法可取，并择其突出的一例介绍给读者。

麻江县内一位姓甘的老者，育兰时间 1 年余，用塑料篮钵栽的兰草近 150 钵，生长势一般。其他兰草多数栽在已不再使用的旧米笋（竹制，当地农民过去常用来挑稻谷等物的农具，一只米笋能装 30 多千克稻谷）中，每只米笋能栽春兰 20 多窝近 80 苗草。笔者问其是如何栽的，老者介绍说：因为花钵少，加上农活一忙就管理不过来，于是偷懒把它全栽在米笋中。笋筐底铺上一层碎石块，然后用高温蒸过的沙子和腐叶土混合起来栽。米笋栽好兰草后，摆放在平房顶一角，上面搭架遮阴，并且很少浇水，让其自然淋雨，自然生长。

笔者认为此法值得借鉴。我们可否因地制宜，因物就事，用塑料洗菜篮、塑料洗米筛等来栽培国兰呢？

（贵州／王帮林）

# 水分管理窍门

# 兰花水分管理的实质及要点

"水是命"，这对任何生物而言都是准确的。但对兰花的水分管理而言，由于其特殊的生物学特性，应赋予与其他花卉植物不同的内涵。

## 一、兰花水分管理困难的原因

兰花管水难在哪里？难在它的生物学特性特殊。

兰草的肉质根无根毛，有根毛的根吸水表面积比无根毛的兰根大若干倍。在同量水分代谢速率下，兰根单位表面积吸水量比有根毛的根大得多。

从植物根系进化角度看，肉质根系应属地球在古气候温和湿润条件下保存下来的具有耐旱结构的化石植物。另外，兰属植物具有雄蕊、雌蕊结合的合蕊柱，兰花高度虫媒特化，居单子叶植物中虫媒花进化主干的顶峰。种子小而轻，可在少风森林中借气流传播，具附生或陆生等原始特征。兰花种子小如粉末，轻似尘埃，多得惊人：一个蒴果内通常达数万，甚至数十万粒种子。

在亚热带、热带林区土壤中，不是各地都有兰花种子萌发所需的兰菌，不是各地都具备这样的土壤及环境条件（温度、湿度和有无污染源等）。这种生存现状与其繁殖力不相称的现实，也间接说明兰花的栽培管理难度比其他花卉植物大得多。

以上这些都提示我们，兰草浇水的难度问题应予以重视，要种好它，必须注重这方面的研究。

## 二、水分管理的实质："水是命，氧气也是命"

兰花的根分外、中、内三层。外层为根被组织，其功能是吸收水分和养分，保护皮层并减少内部水分散失。兰花根外层根被细胞上无根毛，也无壁孔，即使木栓化也能正常吸水。其吸水机制与其他高等植物无何不同，主要靠蒸腾作用在导管内产生负压进行被动吸水和靠细胞代谢产物和能量进行渗透吸水和非渗透吸水。不同之处在于兰花的根的生命活动比其他植物强几十倍，因而耗氧量高，不能在氧浓度较低的环境内生存。兰花地上部无通气组织，把空气中的氧输送到根部进行有氧呼吸，全靠土壤空气中的氧（包括溶液中的氧）供给根，满足其生存需要。兰根在湿润土壤中，实际被不同厚度的水膜所覆盖或不同氧浓度的水汽所环抱。如果水膜过厚或水膜中溶氧量少，则不能满足兰根正常的有氧呼吸；在氧化还原电位较低的情况下，兰根及土壤有机质的无氧呼吸和还原化学反应易产生浓度较高的二氧化碳、硫化氢和乙烯等有害气体及还原物质的毒害作用。水是命，氧气何尝不是命！尤其对兰根而言，其耗氧量高，不能在氧化还原电位低的土壤环境中生存，对有害气体和还原物质的抗性弱。因此，较高浓度的氧气供给是兰花水分管理的关键问题所在。

### 高手这么说

对兰花而言：水和氧具有同等重要的地位，都是正常生长发育的必需物质。兰花有耐旱结构，能忍受一定强度的干旱，但难以忍受较长时间的缺氧和少氧。

水与氧的不同点是水主要参与植物同化作用，氧主要参与异化作用。氧对兰根是"多多益善"，水则适可而止。在一定的土壤孔隙中，水多则空气少，水少则空气多，水和氧是一对矛盾体。兰花的水分管理就是控制适宜的水分，供给尽量多的氧气。但这种说法尚不完全，还应加上"选择、提供通气良好栽培土壤"。

有人称兰花为好气性花卉不是没有道理的。由此看来兰花水分管理之说不确切，应该是兰花的水分、氧气管理，或简称兰花的水气管理。

土壤水分处在饱和状态时，重力水基本上从土壤柱中被除去，水分充满毛细管，除土壤大孔隙有空气外，小孔隙充满水。因此，土壤中的空气

很少，不能满足兰根的呼吸作用的需要。显然，兰土除质地粗、土粒大、大孔径分布较多外，土壤湿度应在田间持水量这个点之上，显"润"而不显"湿"。传统经验中从"润"到"干"的土壤湿度，是土壤水分特征曲线里有效水线段内的一小段，在这一小段的土壤湿度下，既能满足兰根的吸水需要，又有足够的氧供兰根呼吸。

### 三、通气措施

盆土通气，创造高氧浓度的根部环境是兰花栽培的关键措施。通常在盆质、土质和垫底等方面下工夫。

①盆质选择。土壤中的毛细管支持水堵住底部及下部盆孔通气，毛细管悬着水堵住盆土表面通气，因此要使盆体四周都通气，最好用素烧瓦盆。瓦盆的优点是周身透气、透水。国内最具代表性的是江苏宜兴出产的紫砂盆和四川荥经生产的砂土盆。为使瓦盆通气更好，近年厂家采取两条措施：一是除增加盆底底孔外，还增加盆墙壁孔；二是改盆形扁圆形为长柱形，缩小砂盆直径，增加盆体高度，减少兰根至盆墙的距离，与透进盆墙的空气接触得更多。竹篾和木筐透气性最好，但易腐烂，使用的较少。塑料盆轻便，但透气性最差，使用它常在盆底盆墙烙大量孔眼，增加其透气及透水性。

②垫底选择。盆土内各点的含水量及空气浓度是不均匀的，一般规律是盆土内各点离盆通气孔远的下部及中心部位，空气较稀薄，氧浓度较低。通常以降低土层厚度，用硬泡沫垫底解决此类问题。近年来改进的情况是在盆底加放烙孔的塑料瓶（即疏水罩），解决底下部通气不良的问题。笔者使用后，感到效果好，兰根白色，根能穿过塑料泡沫，也能穿过垫底塑料瓶烙孔往下伸长。

长期以来，因釉盆、瓷盆盆体透气性差而被禁用于栽兰，即使用也只作为套盆。因此，很多名贵兰花只能"屈居"瓦盆之内。兰花叶色幽绿、花葶玉立、神态飘逸，国色天香，怎么能与灰暗的砂盆或淡赭色的泥盆相匹配呢！就像身姿美丽的仙女，衣着霓裳，却围着破旧围裙，好比鲜花插在牛粪上！用大塑料瓶、易拉罐或竹片做成的网状罩，加上塑料瓶孔底罩，就能很好

地解决釉盆、瓷盆的通气不良问题。"天仙"即可穿上美丽的"围裙"了。

## 四、水质问题

水质问题是兰花水分管理的一项重要内容。之所以重要是因为其酸度、氯离子及硝盐含量会影响兰花的正常生长发育。

前人养兰，要求水质洁净，要求用雨水、雪水、山溪水、井水和池水（不含盐）浇灌。城镇自来水，尤其夏天自来水含氯量高，对兰花生育有一定影响，但经贮存等处理还是可用的。方法是将水放入池、缸中，积存三五日，任其挥发、沉淀后就可用。严重的要在池内放养鱼、虾、水藻、浮萍和水葫芦等生物，以净化水质。

适合兰花生长的土质酸碱度为 pH 5.5~6.5，过高过低皆不适宜。对水质酸碱度的要求应是中性或弱酸性。水酸碱度偏高要进行化学处理，最好加硝酸、磷酸或醋酸等酸类调节酸碱度。

室内盆土栽培，无纯净雨水淋溶冲洗情况下，长期用盐水、硝水或硬度较大的自来水（水中钙含量 0.009%~0.01% 以上称硬水，不足 0.009% 的称软水）浇灌，使盆土盐渍化，会导致兰花根部腐烂，植株枯萎。

**高手这么说**

盐渍危害的典型症状是叶色灰暗，长期不长新芽、不发苗，生长微弱，半死不活，无生气，叶片逐渐枯萎死去，严重的整苗枯死，地下部的根枯萎或烂掉，大部分枯皮空心。

（四川/康朝阳）

# 兰花浇水该考虑哪些因素

初养兰花者，总会询问一些关于"几天浇一次水"之类的问题。但由于所养兰花的种类不同，所用兰盆、植料不同，莳养环境条件不同，因而，浇水也应相应有所差异。因此，硬性规定"几天浇一次"是不科学、不合理的。余以为，浇水应从以下几个方面考虑：

①兰花种类。不同种类的兰花的需水量不同。例如，蕙兰的根系发达，且假鳞茎不明显，因此其需水量较大。而春兰的根系较蕙兰偏弱，且植株矮小，所以其需水量相对偏小。

②兰盆。常用的兰盆种类有瓦盆、宜兴砂盆、瓷盆和塑料盆等。其透气性能依次排列为：瓦盆好于宜兴砂盆，宜兴砂盆好于瓷盆，瓷盆好于塑料盆。生产上多用塑料盆，其质轻、耐用且价格低廉，适用于批量生产。但其透气性差且观赏性不高，于是居家养兰多不采用。瓦盆的透气性好但观赏性差，而瓷盆虽然美观但透气性欠佳。唯有宜兴砂盆兼有二者优点，且价格适中，所以其较适合居家养兰。

③植料。盆栽兰花的植料可分为有机植料（如草炭、腐叶、树皮等）和无机植料（如兰石、砖块、陶粒等）两类。有机植料的保蓄能力强，但通透性较差。无机植料的通透性好，但保蓄能力偏弱。于是，栽植兰花多采用有机植料与无机植料相混合的植料。这样，不仅综合了二者的优点，还有利于掌控植料的墒情，降低了兰花的莳养难度。

④环境条件。环境条件包括光照、温度、湿度、空气等因素。如光照充足或气温较高的天气，兰株的蒸发量较大；而潮湿、低温的阴雨天，兰株的蒸发量相对较小。通风条件良好的环境中，兰株的蒸发量相对较大；而郁闭的环境中，兰株的蒸发量相对较小。

综上所述，兰花的浇水问题应全面考虑，切不可一概而论，在选择兰盆、植料与调节环境条件时，也应考虑与兰株自身习性相配合的原则。如栽培春兰，应选择阴凉、通风、湿润的环境，植料颗粒应略小，兰盆透气性要佳；而栽培蕙兰，应选择光照充足、地势高燥的环境，植料颗粒应略大且通透性要好。

再者，不论养何种兰花，使用何种植料，应始终遵循"不干不浇，浇则浇透"的原则，待熟练掌握，领会其真谛后，浇水问题便可迎刃而解，不论养何种兰花都能做到成竹在胸，十拿九稳。 　　　　　（山东／吕红）

# 称重法：可准确判断浇水时机

"养兰一点通，浇水三年功。"笔者感到这个体会总结得深刻。笔者养兰多年，学浇水不止三年，到现在也没有全通，但这么多年感受颇深。其实"浇水三年功"主要在判断该不该浇水上。初养兰时，看到兰盆已很干了，叶子有干尖，认为再不浇水就活不成了，就开始浇水；可是过一段时间，干尖越来越严重，剪去又干，越剪越短，结果成了半截苗，整盆草都成了"矮种"。再过一段时间，叶子开始整片枯黄，这时翻盆发现，几乎没有几条完整的根，都是又短又黑，看来是根出了问题，推测是盆基质长期积水使根呼吸受阻所致。通过实验测试发现，不管用何基质，盆内不同部位基质含水量是不一样的，如表1。

表1　不同植料上、中、下层的含水量　　　　　　　　　　　%

| 盆内植料层次 | 草炭土 | 植金石 | 腐叶土 | 80%腐叶土+20%河沙 |
| --- | --- | --- | --- | --- |
| 上层（3厘米以上） | 5.87 | 8.30 | 30.01 | 15.30 |
| 中层（3~6厘米） | 25.68 | 22.90 | 42.46 | 23.70 |
| 下层（6厘米以下） | 33.20 | 34.40 | 51.04 | 37.40 |
| 盆平均 | 28.57 | 25.14 | 44.57 | 28.02 |

 高手这么说

北方干燥，表层植料易干，浇水之前只是看到盆表层基质已干，其实根较集中的中下层基质并不干。这时浇水，底层植料并不缺水，致使根长期沤水、呼吸受阻而导致烂根。尤其是用软质植料的更易引起底层基质过湿，造成烂根。

有过一段养兰经历的养兰人注重基质含水的判断，为了正确判断也想出了一些可行的判断方法，如：用兰盆内预埋带孔的小塑料管测基质的湿度（蔡振坤）、基质中插牙签观察水分（老铁）、用称重法判断基质含水（于凤义）等，还有专门设计一种可观察基质干湿的盆具（邓中福）。可见准确判断的重要性。实际上判断对了，也就基本解决了浇水问题。

要想判断准确，必须要有一个科学的可操作的标准。在比较早期出版的兰花书刊上描述兰花习性时经常用"喜雨而畏潦""喜润而畏湿""喜干而畏燥"等来概括，"潦""湿""润""干""燥"等确切尺度对初养兰人来说是较难掌握的。首先，盆里基质不能全部观察到，除非翻盆。其次，对于这 5 个字描述的含水等级有的也较难把握。能否给出一个定量的概念？

到近代出版的有关兰花的书刊有些就给出基质适宜的含水量的范围。邓承康著《养兰》一书认为："一般情况下，盆土湿度以通常所说的'滋润''润湿'为佳，其土壤含水量为 15%~20%"；吴应祥著《中国兰花》（第二版）指出："盆土的干湿程度是浇水最直接的根据，一般情况下，盆土含水量以 15%~20% 为宜"；魏亚声总结的家庭养兰控制浇水经验时，认为土壤含水量减少到最大含水量的 20%~40% 即可浇水；还有李仁韵著《兰韵》认为："一般含水量以 15%~20% 为宜"。3 本较有影响的兰花专著认为最适宜土壤含水量如此的一致，必然有其原因。另外宋明远说，植料含水 20% 以下为燥，浇水最佳时机应在 20%~30%。

看来确定土壤最适宜含水量也是各有说法。这些具体数字的出现，表明后来养兰人承接了前人经验的同时还有所发展了，经过试验摸索总结出更符合实际且易于操作的经验。不管怎么说，还是有了具体的数字，有了这个量的指标，判断起来不应该太难了。

笔者认为家庭养兰盆数不多，可以用称重法；大规模养植，只要盆具和植料统一，也可以用此法来判断该不该浇水。一般都认为，不宜以间隔多少天来定浇水时间，因为基质的水分与盆具、植料、植株长势、天气和栽培环境等因素有关，这些不可能相同，所以基质含水量也是在变化的，不可能一年四季定死了多少天浇一次水。但用基质的含水量就可以综合这些因素，含水量变化是它们综合的结果，是最易掌握的。笔者从 2000 年

摸索用称重法控制浇水，结合笔者使用的深层草炭土，当含水量降至 30% 即是浇水的底线（不同植料这个值是不一样的，要经过一段时间观察摸索确定），效果很满意。

称重法具体操作方法是：先把植料在阳光下暴晒几日，目的是灭菌和把植料晒干（实际上是风干）。上盆前先称盆的重量（$P$）和苗重（$M$），栽好后浇水前再把整盆（含植料、盆具和苗）称重（$A$），浇完透水再称一次全盆重量（$B$）。这时可计算出植料的干重 $Z$ 和植料相对饱和含水率（$H$）：

植料干重 $Z=A-P-M$

浇水后植料相对饱和含水率 $H=（B-A）/Z×100\%$

以后只要称全盆重即可按上式计算出当日基质的相对含水率。当相对含水率低于 30% 时（指用深层草炭土）就要浇水。实际操作中也不是盆盆都要称重，只要是盆具、植料一致，称一两盆就可以了。也可以提前算好，当相对含水率为 30% 时的总重量（盆、植料和苗），平时称重时与它比较，重量大于它时暂不浇水，低于它时浇水。这种量化管理就把判断简化了，而且不会出大错。这样就可做到适时浇水，基质就能保持"润而不湿""干而不燥"。这个办法虽笨拙，但可为初养兰者掌握适时浇水提供可靠依据。

（北京／于凤义）

# 兰花浇水心得

浇水作为养兰的一项基本功，事关艺兰的成败，必须高度重视。对此，笔者有几点体会。

## 一、浇水以雨水、自来水为佳

给兰花浇水用什么水好？这是兰友普遍关注的问题。根据笔者的实践，给兰花浇水以雨水、自来水为佳，尤其是空气污染较轻地方的雨水最好。

雨水，古人称之为天落水，是最佳的浇兰用水，野生兰花就是靠雨露的滋润苗壮成长的。因此，养兰人应尽可能在下雨天想办法多贮备一些，以备日常所用。最实用的是自来水，如水质不显碱性可直接使用，不必按照有些书上所言要晾水几日再浇，没那个必要。兰花是适应性很强的植物，没那么娇气。笔者从来都是用自来水直接浇兰，兰花生长正常。

## 二、浇水方式、时间须灵活掌握

浇水方式可淋水、坐盆并用，盆数多的可用淋水法。淋水一定要淋透，一定要多淋几遍，以植料完全湿润为度，切忌浇半截水。盆数少且无病害的可用坐盆法。浇水时间、次数须根据季节确定。一般夏秋季节以早晚为好，春冬季节以中午为宜；生长旺季可适当多浇点水，冬季休眠期浇水宜少，以盆土润中带干为妙。只要通风好，一年四季都可给兰花淋水，但新芽出土开口和花蕾开嘴时最好莫淋水，以防烂芽烂蕾。空气污染不严重的地方雨天可放心让兰花淋淋雨，雨露滋润苗更壮。

## 三、浇水时机要看土而定

浇水时机能否把握准确，事关浇水的成败，也是不易掌握的问题。其唯一的依据就是盆土的干湿度，须见干就浇，浇则必透。浇水时，最好尽量使水温与盆土温度相近，这样更有利于兰根的吸收，还可以减轻病害。但由于各地的气候千差万别，地理环境不同，个人养兰的小环境也不同，养兰用盆及植料五花八门，这就决定了浇水时机和次数不可能千篇一律，不必硬性规定几天浇一次水。用同一植料养兰，但用盆不同，浇水间隔天数就大不相同。实践反复证明，不从实际出发，不加分析地照搬照抄，是导致浇水不当、兰苗烂根的症结所在，养兰人应引以为鉴。

**高手这么说**

用传统方法养兰，盆面种植翠云草的，可通过观察翠云草的状况掌握浇水时机。如发现翠云草脱水，一般须及时浇水。

（山东／史宗义）

# 兰花所需干湿度的掌握

有人说"湿法养兰好"，也有人说"干法养兰好"。这"湿法"与"干法"的"湿"与"干"要求，究竟是指空气干湿度，还是指土壤干湿度，或者是指空气和土壤两个方面的干湿度呢？笔者认为兰花涉及干湿度的要求，指的应是空气湿度和土壤湿度两个方面。从实际的情况看，兰花对干湿度的要求，一方面要求较高的空气湿度，另一方面，土壤的干湿度则需"润而不湿""干而不燥""干湿适度"，有的兰类还以"偏干为上"。何以见之？试从下面几个角度加以探讨。

## 一、从兰花器官构造的特征和功能看

兰花的根是兰花的重要器官之一，属肉质根，由根被、皮层和中心柱所组成，没有须根，也没有根毛。兰根的功能是吸收和贮存水分、养分，供应给叶片。正是由于兰根属肉质根这一独特的构造特征，注定了兰根性喜疏松、透水、透气。若盆土长期湿淋淋，兰根的呼吸受到影响，时间一久，透气不良则会引起兰根发黑霉烂。兰根是肉质根，具有很强的保水性，但若盆土干透而又不能及时得到水分的补充，引起根内水分反渗透，久之，则兰根会因失水而逐渐萎缩干枯导致空根，叶片也因缺水而脱水。兰花的假鳞茎肥大而短，其功能也是储存水分和养分，并起输导作用。假鳞茎外部有很厚的角质层，能有效地防止水分丧失。兰花的叶片，外面具有一层很厚的角质层，背面气孔密集而生，略下陷，能使水分蒸腾速率减慢。兰花的这些独特构造特征说明兰花能耐干旱，不需过多的水分，盆土不宜过湿，过湿易烂根。但由于兰根无须根、无根毛，能吸收水分的面积有限，而兰花叶片又丛生，蒸腾水分的面积较大，这就需要较高的空气湿度来弥补。笔者愚见，兰花的盆土干湿度还是以"干湿适度，湿中偏干"为好。

湿中偏干，不仅有利于透气，也有利于兰花生长。

## 二、从野生兰花的生态环境看

野生兰花既无温室控温控湿，也无人工浇水施肥，可野生兰花却生生不息，繁衍生存。为何如此？这与野生兰花原生地的自然生态小环境条件符合兰花"喜润而畏湿""喜干而畏燥""喜日而畏暑""喜风而畏寒""喜雨而畏潦"等各种习性要求有关。

兰生于深山幽谷，或长在岩石缝中，或生于林阴下，或生于山涧幽谷的半山腰。谷风习习，流水淙淙，雾气蒙蒙，形成空气湿度高的优越自然生态环境。兰生于坡度陡的半山腰，遇雨时，大部分雨水顺坡而下流失，一部分水分渗入土层中，使土壤既滋润而又不积水，无积湿之患。野生兰花原生地的腐殖土富含养分，疏松透气，又具有一定的保湿性，遇旱时，不会因旱而致土壤很快干透。这些优越的自然生态环境就是野生兰花之所以能生生不息、繁衍生存的必然结果。而家养兰花要长好，植料是基础，用水管理是关键。

植料的选择配比要考虑到既疏松透气，又具排水保湿的性能。不同季节、不同天气、兰株不同的生长阶段，兰苗对盆土干湿度的要求迥异，这可通过不同的用水管理加以解决。一般而言，春季保持盆土湿润。夏季气温高，水分蒸发快，宜多浇水。秋季气温降低，兰花生长渐缓，宜干则浇之，湿则任之。冬季气温低，兰花进入冬眠期，盆土宜稍干，盆土过湿易造成冻害。另外，晴天应多浇水，雨天不浇水。

## 三、从不同种类兰花对盆土干湿度要求不同看

兰花种类繁多，不同种类的兰花对盆土干湿度的要求也不尽相同。种养兰花，对盆土干湿度的处理应因种而异，分别对待，不能千篇一律地采用湿法养护或者干法养护。实践证明，对盆土干湿度处理得当，兰花长势良好；处理欠妥，兰花长势趋弱。

从总体上看，多数兰种比较耐旱，并不需要过多的水分，盆土不宜过湿。然而，兰类不同，对干湿度的要求也各异。春兰类忌干燥，喜阴湿，不耐

热；墨兰类耐干而怕寒；建兰类粗生易养，既耐干也稍耐湿，适应性很强；蕙兰类与其他兰种相比更耐干旱，且耐寒；而寒兰类，特别是纯种寒兰，对空气湿度和盆土湿度的要求更苛刻，空气湿度宜高，盆土切忌太湿，以偏干为宜，太湿则极易烂根。

**高手这么说**

> 实践证明，凡兰根较粗大的兰种，如建兰类的原变种四季兰、金边四季兰、铁骨银针等，由于根部丰满粗大，根部所储存的水分相对较多，故不需过频浇水，保持盆土湿中偏干为好。实践也证明，凡叶片角质层厚、光泽度好的兰种，如铁骨素，由于水分蒸发量小，浇水必须控制。

据观察，兰根因盆土过湿而腐烂的速度要比兰根因盆土干透而萎缩干枯形成空根的速度来得快。

（福建／张炳福）

# 北方养兰如何保持较高空气湿度

兰花要求在较高的空气湿度下生长，这是自然界长期自然选择形成的遗传特性，许多专家、学者和养兰高手对兰花需要的相对高的空气湿度做过研究、探索和总结。陈心启指出："栽培兰花要求夏季湿度不低于70%，对特殊的种类墨兰则要达到90%，但冬季休眠期可降至50%。"吴应祥认为，中国兰花"在生长期，空气相对湿度应在60%~70%，休眠期可低些，50%左右"。李少球、胡松华指出："湿度对兰蕙而言，4~9月生长期要维持80%以上，冬季可降至50%亦可。"杨念慈认为："空气湿度高的环境对兰花生长有利，使环境湿度维持60%~70%为宜。"李仁韵指出："生长期所需要的相对湿度不应低于70%，冬季休眠期为50%。"

以上是部分兰界有影响的专家、学者和养兰高手从不同角度研究和总

结出兰花对空气相对湿度的要求，大部分都认为在生长期需要 60%~80% 的相对湿度，少数文献资料认为 80%~90%，也有个别人提出 45% 也能生长好。显然数据不完全一致，给养植者参照栽植带来一定难度。作为北方养兰人非常希望兰花生长需要的湿度低些，这样对北方家庭养兰湿度好解决些，到底低到多少是其生长的底线，确实还有必要继续进行更深入的研究，为北方干热气候地区养兰找出更科学合理的湿度指标。不过，兰花在较高的空气湿度下生长得更好是不争的事实，但是低一些是否就不能生长了，北方养兰者必须考虑这问题。

北京虽然比起东北冬天不算太冷，但春夏季干热突出，北京地区 20 年的月平均空气相对湿度在 1 年内有 8 个月在 60% 以下，而且相对湿度还有一个特点，即白天很低，而夜晚升高，所以看起来平均相对湿度并不低。但白天正是兰花处于光合作用时，空气相对湿度大部分时间都在 50% 以下，这对于兰花正常生长发育是不利的。北京地区春夏气候干热与兰花需求的凉爽、湿润的气候条件相差甚远，规模养植可以采用设施栽培，如建温室或花窖，采取喷雾、通风和遮光等措施来控制温湿度及光照，使其达到或接近兰花生长对环境的要求；而家庭养兰就不易做到，因为一般家庭养兰的场所与居室相通或者是居室的一部分，不可能长时间维持在 60% 以上的相对湿度。

不过，北京地区确实有一批家庭养兰成功者，他们对满足兰花需要较高的空气湿度都很重视，在解决湿度问题上所采取各种措施不同，效果也有所不同。

## 一、喷水

叶面和盆面喷水是家庭养兰经常性的工作，其目的一是清洁叶面，二是增加湿度。前者效果明显，喷水后叶面的不洁物比较容易去掉。增湿也可立竿见影，但对兰盆附近的空气相对湿度的增加时效有限。

表 2 是笔者在对花盆周围空气喷水前后，实测的空气湿度的变化情况。结果表明：喷水可立即使局部空气相对湿度增加、温度降低，但维持时间

不长，喷水后40~60分钟湿度增加已不明显了，基本恢复到喷水前的水平。为了能较长时间维持较高湿度，即要不断喷水，这样又会带来其他问题，如不小心新芽进水易引起"烂芽心"（有资料这样认为）。同时喷水过多会引起盆内过湿，而且会使盆内盐分随喷水产生不利的移动。

表2　喷水后花盆周围空气相对湿度变化情况

| 测量地点 | | 喷水前 | 喷水后 | | | | |
|---|---|---|---|---|---|---|---|
| | | | 5分钟 | 10分钟 | 20分钟 | 40分钟 | 60分钟 |
| 阳台（晴天） | 温度 | 24.5℃ | 23℃ | 22℃ | 22.5℃ | 23.5℃ | 24.5℃ |
| | 湿度 | 58% | 74% | 91% | 78% | 66% | 58% |
| 阳台（阴天） | 温度 | 21℃ | 20.2℃ | 20.0℃ | 20.0℃ | 21.0℃ | 21.5℃ |
| | 湿度 | 71% | 82% | 88% | 79% | 74% | 71% |

## 二、增加养兰场所的水面积

一般较简便的方法是在养兰场所的地面或墙壁铺上吸水的物品（如旧地毯、海绵、麻袋片等），往上洒水，并经常保持湿润。该方法效果显著持久，但不是每个家庭养兰都能做到的，特别是阳台较小或与居室相通的养兰场所有时不易做到。另一种方法是在兰盆下设置水盘，盘里放支撑物（如红砖、木条等），加上水，兰盆放在支撑物上，这样水比较容易控制。笔者分不同时间对不同场所（室外阴棚下、室内阳台、室内阳台加水盘和阳台内的小温室）温湿度进行了测试比较。

首先，放在水盘上的兰盆，其空气湿度比不加水盘的明显增加，且一天当中都高于其他两组，增湿效果持久，温度也比不设水盘的低（但湿度比阳台内的小温室里的湿度低）。其次，室外遮阴网下温度和湿度变化幅度比阳台里要大，温度高低相差13.5℃，湿度高低相差60多个百分点，而阳台内温湿度变化相对较平稳。所以家庭养兰在雨季没来临前，兰盆放在室内比室外有利些（从湿度考虑），但要注意通风，待雨季再移到室外。地面和墙壁吸水物上洒水调节湿度的效果虽然笔者未测试过，但可以估计到，只要蒸发面积大增湿效果不会比盆底配水盘差。笔者测试的水盘面积

约 0.6 米 $^2$，如果水面积增加，小气候改进的效果还会好些。

### 三、家庭设施养兰

所谓家庭设施，是指北方家庭养兰为了创造一个适于兰花生长的小气候而采用的一些设备和措施。最简单的设施是在兰盆上加一个透明的塑料罩，除了浇水等管理要打开外，一般罩上后基本不再打开，直到开花赏兰时。京津地区有的养兰者采用此法。这虽然有悖于传统养兰"通风是第一要义"的说法，可这是增加空气湿度最简单有效的办法，也是没有办法的办法。因为北方养兰人认为北方养兰增加空气湿度更为重要。采用这种设施确实取得了良好的效果。至于传统的通风与北方强调的湿度两者之间如何做到统一，还有待于进一步探索。

另一种设施是用塑料或玻璃围起一个相对封闭的空间，面积视条件而定，俗称小温室。笔者在阳台里用铝合金和玻璃封一小温室，从保湿角度看效果很好。从实际养兰情况来看，北京最干热的 3~6 月（兰花开始生长），用这种设施的优势首先可以保湿，另外可调节温度：早春温度低时，小温室的温度比外面高；而外面温度高时，小温室的温度又比外面低，这样有利于兰苗早萌动、早生长。但也有不足，6 月下旬后要注意通风。笔者采用风扇，同时结合开关小温室的门控制温湿度，不至于形成高温高湿不利兰花生长的小气候。北京家庭养兰名家魏亚声先生就是利用朝东的窗户改装的小温室养兰，非常成功，并总结出一套家庭养兰非常实用的丰富经验。近来对这种小温室有新的改进，在小温室内设置一个水帘，通过水泵把水抽至水帘顶部，然后靠重力流下，通过循环水，起到降低温度增加湿度的作用，效果颇佳，据说能使温度降低 2~3℃，空气相对湿度可达 75% 以上。较大一些的兰室采用自动温湿度控制设备，效果更佳；不过对一般家庭而言，具备此养兰条件者不多。笔者还看到黄泽华先生介绍的一种台湾产的植物养植箱。基本思路是相同的，即创造一个适合兰花生长的小气候，只不过它更先进些，能自动控制温湿度、光照和通风。当然成本也高。如果效果满意，或许是家庭养兰的方向。

当然，增加湿度还有不少方法，如兰花与其他植物一起养，群体蒸腾作用对小环境湿度的改善是有益的。 （北京/于凤义）

# 巧按公式定浇水

传统兰花种植方法，主要凭种兰者的经验。在培养土选择、浇水、光照、用药、用肥和通风等方面，均是根据种兰者的经验积累来决定相应管理措施，只有定性的种兰技术。不同的养兰人，种养方法也不尽相同。笔者是从事农业科技工作的，经常进行农业科学试验，对事物的判断，一切以试验结果的数据说话。笔者经过多年的试验，研究总结出南向阳台养兰浇水时间与气温动态相关的一个回归方程式，简单易行，经两年多使用，收到较好效果，现介绍如下。

## 一、兰花种植的基本情况

笔者养兰地点在四楼的南向阳台。培养土（自行配制）为腐叶土占60%，硬植料（红颗粒、四合一塘基土等）占30%，其他占10%。兰盆为剑川土盆（高36厘米、盆口直径22厘米）。施肥在每年的3月中旬至10月中旬进行，使用自行研制的含有10种营养元素的化学肥料，每20天施肥1次（按1：1000比例对水、浸泡30分钟），光照时间为春、秋、冬三季每天日出后照1小时（阴天、雨天除外），夏季只要散射光。每天24小时开窗通风。在病虫害防治上，3月、4月、5月3个月每月喷1次复配杀虫剂，既可防治红蜘蛛，又能防治介壳虫等害虫。6~8月根据情况对病害预防2~3次。

## 二、兰花浇水与气温相关关系公式化的探索

2001年12月，笔者根据多年的兰花浇水资料和阳台气温记录，应用统计学中的相关与回归关系，研究总结出以下公式：

$Y=32-0.95X+$（0~5）

式中 $Y$ 为浇水间隔天数；$X$ 为养兰场所的平均温度；0~5 的意义为：在兰花浇水间隔期内，晴天多加 0 天，阴天和中雨以下时间多加 1~4 天，大雨以上时间多加 5 天。

适用范围：室内南向阳台，以腐叶土为主的疏松、通气、保水的复配培养土，平均温度 8℃≤ $X$ ≤ 26℃（笔者阳台一年四季温度变化范围）。

应用这个回归方程式，就可以算出兰花浇水（泡水）的间隔时间：如 2004 年 7 月 20~30 日，阳台平均温度为 23℃，多数为晴天，则代入公式为

$Y=32-23×0.95+0=10.15≈10$ 天

即 10 天可以浇水 1 次，浸泡 30 分钟。

又如，2004 年 4 月，阳台平均温度为 19℃，多数为雨天，则代入公式为

$Y=32-19×0.95+$（1~4）$=14+$（1~4）$=15~18$ 天

即平均 16.5 天可以浇水 1 次。

以上方法，经过 2002 年、2003 年和 2004 年 1~7 月的使用，收到很好的养兰效果。所养兰花普遍根系好、根量多、老根不烂根，兰花发芽率很高，周年发芽比例在 1：2 以上。 （云南/杨德良）

# 巧制兰盆测湿管

兰根与其他植物的根不同，所以它的生长需要一个特殊环境：富含微量肥分而又疏松透气、干湿适度的土壤。水是植物的生命之源。缺水，兰叶无法进行光合作用，在兰花生长期土干久了，会影响兰苗正常生长；但水分太多，会造成缺氧。如盆土长期湿闷，会影响兰根的呼吸而产生窒息腐烂，引发死苗。兰花是半气生态肉质根，忌盆内缺氧闷根。许多初学养兰者多失败于盆土水渍潮湿，浇水过勤。所以说控制盆土干湿度成为栽培

兰花的一个重要环节。

笔者经过长时间反复实践，摸索出盆土中放透气管，融测湿、疏水、透气为一体的养兰技术，效果很好。掌握了它，人人都可以准确判断浇水时间，从而养好兰。

其具体做法很简单：栽兰花时在不同质地、不同规格、不同植料的兰盆中斜放一根或几根有小孔的透气管。放管的根数和长短要根据兰盆大小规格来定：口径10~15厘米的盆放1根就行了，口径15~20厘米的盆放两根。此管平时可作疏水透气用，可使盆土吸水均匀，不致浇半截水；又可使盆土透气、根部空气流通。同时，可作测定盆土水含量的窗口，即将湿度计插入管内一段时间后抽出读数便知盆土干湿。测盆土干湿也可用1根织毛衣的竹针或羊肉串竹签，卷上1餐巾纸轻轻插入管底，过2~4小时后拿出看餐巾纸的干湿，从而确定是否浇水。注意竹签上的餐巾纸必须卷紧，以防脱落在管中。

插入兰盆的管子不要过大，大管会占去兰盆的空间而影响兰根生长。管子上钻的孔也不能过大，孔大了盆土会渗入管内，兰根也会长到孔里去，从而影响使用效果。管子采用直径16毫米的D-PVC阻燃冷弯电工套管即可。用2~3毫米钻头的电钻钻孔6行、孔距8~10毫米，钻满全管。管子长度按兰盆高度再加20%，因为管子是斜放的，盆面也要露出管头。管子下端口要对准盆底孔的外边上，不能垂直对盆底孔或靠盆沿放置，否则会影响栽兰花和测湿准确性。如果是大盆，需要放多根管子，每根相距不能太近。测试的小竹签也不能长期放在管内，以免影响插签功效。

为了测试准确、方便管理，大规模养兰如果能做到栽兰用盆质地和大小一致，植料也一致，就只需要在四周和中心选2~3个点（盆）埋管测湿就行了。如果兰盆质地、大小、植料不一致，依这种选点测湿法得出的结果而决定浇水时机，就会以偏概全。选点测湿万一出现相距甚远的情况，就要考虑兰棚遮阳、受热是否均衡，要通过改进兰棚结构达到棚内干湿等相对统一。如果是家庭养兰数量不多，那就不受此限制了，可以每盆都放上测试管，到时按需浇水就是了。

（江西/蔡镇坤）

# 养兰，大胆浇水

"干兰湿菊"，这一祖传的经典，成了初涉兰界爱好者的"紧箍咒"，用水时总怕水浇多了，总以为干些好。殊不知，这样做使兰株一直处于苦苦挣扎状态。植物所需的各种营养物质，必须是溶于水后，才能由根以水溶液的形式吸入体内。兰株常因水分不足，难以满足其生理需求，导致体内有机物质无法合成与分解，营养不足，生长发育受阻；根部缺水更使根尖吸水功能停止，带来一切生理活动停止，导致空根、焦尖，长此下去，还谈什么生长与开花！

笔者经观察与多次对比试验，认为但浇大水无妨，浇水也非苦练3年不可。关键在于两点：一是环境，二是基质——植料。试想，在大自然中，兰花并不怕水，其生长旺期恰恰在雨季。产兰区每年春、夏二季常常是滂沱大雨，甚至可长达几十天，并且山区云雾缭绕，兰花却翠绿欲滴，世代繁衍，关键在于有良好的植被渗透。而如今，我们将这些"天之骄子"，硬生生地搬入一个小环境中，当然要带来这样那样的不适。除了给兰花创造一个模拟大自然的环境，又能做什么呢？植料才是重中之重，这是兰株赖以生存的家啊！笔者主张浇之以大水，就是特别重视植料。说起来，也最简单不过了。时至今日，科技昌盛，养兰已向规范化、产业化发展，我们何必死抱古人的某些经典不放（笔者并不一概否定古训）。放眼世界，养兰植料五花八门，完全可以按你的爱好、经济任意选择，或购买，或就地取材，只要能透气渗水就行。总之，植料宜硬不宜软，宜大不宜小（玉米粒状即可），宜无机不宜有机。笔者用植金石与仙土各半，分大、中、小三层，下用木炭垫底。小苗种塑料盆，大株栽砂盆。按此配比，尽管浇水无妨。

要知道，"干燥"的定义为颗粒不含水分，当然兰株也无法进行一切生理活动；"湿润"是颗粒含水分，而颗粒与颗粒间隙没有水分，这是兰株最佳环境；而"潮湿"则指颗粒与颗粒间隙充满水分。当所选颗粒的大小适宜，阳光充沛时，这间隙中的水也就很快渗透掉，保湿而不渍！笔者养兰的环境是朝南的封闭阳台，晴天阳光充足，因此，在此配料下，浇水的原则是："晴作雨，雨作干。"也就是说，在晴天时模拟下雨，尽浇大水，让兰花充分沐浴，盆中污浊之气一泄而尽；而雨天，则任其干旱。当然，盛夏烈日之下忌淋大水，故淋水作业宜选在清晨为佳。即使寒冬腊月，只要表面颗粒见白，也应浇水。但应注意两点：一是水质，pH 控制在 5.5~6.5，刚放出的自来水不宜直接用，亦不能用静置太久之水，以静置两三天为宜；二是水温，要冬温夏凉，温差在 5℃左右。更要注意的是，因为颗粒基质常淋大水，保肥性又差，若能在淋水时，不时用正常浓度的 60%~80%（视苗株强弱）之化肥溶入水中，则兰株生机勃勃。只是在进入 9 月后，要适时扣水一两次，促使兰株转入生殖生长，以使其适时现蕾。这样，兰株有充足的水肥，兰株必定生机盎然。

水，但浇无妨！

## 高手这么说

兰花是一种适应性很强的植物，养兰花空气湿度不是决定因素。湿度太高，时间太久，反而会引起各种病害。笔者阳台上夏季空气相对湿度常不足 30%，但植料含水滋润，透气又沥水，光照充足，兰花也长得翠绿欲滴！

**刘教授提示**

采用颗粒植料、透气性好的兰盆，环境通风好，则浇水可勤快些，大胆些。而采用腐殖土、不透气的兰盆，浇水则须慎之又慎。

（上海/王润萱）

# 盆面覆盖水苔保湿效果明显

刚开始养兰时总是模仿江浙兰友的办法，在盆面上栽翠云草，但由于北方天气风大干燥，盆面的翠云草比兰花还难养。虽然盆面覆盖翠云草有许多好处但也只好放弃。接触到莲瓣兰后，看到云南养兰盆面都覆盖水苔，常年如此，当时不甚理解。后来开始模仿，感觉有效果，主要对盆里植料的水分变化有改善。近来网上看到云南养兰不但覆盖水苔而且还要加盖塑料膜，观察结果认为兰苗长势更好。为进一步了解证实水苔覆盖后植料水分变化，笔者做了一个小测试。具体做法是，选3种养兰常用植料——深层草炭土、植金石和混合植料（仙土、植金石、蛇木、红砖粒等）为试材，把它们放在太阳下暴晒数日，风干后分别装入养兰常用的直径16厘米、高22厘米的塑料盆里。装前称盆重，装后再称盆和植料重。试验设两种处理：盆面覆盖约1厘米的水苔和不覆盖水苔。装好植料浸盆，待底孔无滴水后分别称重，可计算出盆内植料最大持水量。然后每天称重，坚持15天，可看出盆里植料含水量随时间变化情况。同时用相同装料和处理的盆，在浇水后的第3、6、9天，把两种处理的盆里植料分上层（盆面下4厘米以上）、中层（盆面下4~10厘米）、下层（盆面10厘米以下）分别测含水率，可看出上、中、下各层植料浇水后不同天数的水分变化情况。试验时间是在2006年的雨季7月和相对干旱的10月实施的。

从试验结果可以看出，3种植料的含水是不同的：深层草炭土和植金石的最大持水量比混合植料要高；还可明显看出有水苔覆盖盆面的植料比无覆盖的最大持水量都相对要高些（高出35%以上）。随着浇水后时间的延长，在测试的15天内，有水苔覆盖的深层草炭土含水量比无覆盖高出14.4%~28.8%，比植金石高出35.6%~72.0%；比混合植料高出35.1%~57.6%。这表明用水苔覆盖盆面在相同情况下不管什么植料都可以有效地减少水分损失。

　　养兰历来推崇植料要"润"，因兰根恶"潦"、畏"湿"、怕"燥"、喜"润"。现代养兰专家认为当植料含水低于 20% 时即该浇水了。这应该可以理解为植料含水达到 20% 时即为"燥"，显然，有水苔覆盖的 3 种植料浇水后 15 天含水率还高于 20%。这就是说可使兰盆植料推迟达到"燥"的时间，可以延长"润"的时间。不难理解，一盆兰花从浇水到下一次浇水，植料含水肯定经历湿、润、干、燥的过程，如果天天浇水，这个过程就变不"完整"了。可能是"湿"的时间长，"润"的时候短，这与兰花要求"润"是相悖的。相对保持植料较长时间处在"润"的状态对兰花生长是有利的，恰恰盆面覆盖水苔可以达到这一状态。进一步测试还可看出，盆面覆盖水苔对上层植料更有利。

### 高手这么说

　　试验结果表明，有水苔覆盖的植料的含水随浇水后时间的推移，其含水率都比无覆盖的高，而且上、中、下层植料的含水量差异不是很大（相差在 8.9 个百分点范围内），而无覆盖的上、中、下层植料差异较大（达到 26.9 个百分点）。水苔覆盖盆面，无疑是有利于兰苗发芽和生根。因有水苔覆盖，保持假鳞茎生长点处在"润"的环境，刺激发芽长根，也可对预防僵芽起到积极的作用。

　　总之，盆面覆盖水苔，减少水分蒸发，相对减少浇水的次数，在每年的 6、7、8 月份尤为重要，可减少病害发生的概率。特别是对北方干燥地区来说，往往刚浇过水，盆面就干了，但中、下层并不干，再浇水下层就过湿了，无奈只好深栽，而深栽对于防病带来不便。不到 1 厘米厚的水苔覆盖在盆面既可保水又可透气，可以保持上层植料相对湿润。同时发现，兰苗可以相对栽种浅些（植料刚好盖上 1/2 的假鳞茎），然后用水苔覆盖在盆面（也覆盖假鳞茎），浇水时扒开水苔露出假鳞茎，特别是有新芽更要露出，风吹干后再盖上水苔，可有效预防病害发生。当然，这只能是家庭养兰盆数并不多的情况下才能做得到。

（北京 / 于凤义）

# 兰花高温高湿期间的水分管理

长江中下游一年一度的高温高湿的梅雨季节来临时，是扣水好还是增加浇水次数好？真是众口不一，各说各的理。殊不知每个兰友的栽培环境不一样，水分管理方法也不一样，因此就有了多浇少浇难以统一之说。有兰友说高温高湿是百病诱发之源，因此强调高通风和强制性扣水，造成小环境的低湿高温。这样一来就压制了兰花的自然快速生长期，因而延长了兰花复壮期，甚至出现新芽受伤现象。怎么样才能在这关键时期控制好这个度，让兰花快速生长而又不生病或少生病？这是每位兰友都必须面对的棘手问题之一。下面谈谈在此期间3种水分管理方法。

## 一、用水方法

晴天室外温度徘徊在30℃左右，室外空气相对湿度在50%~60%。室内28℃左右，兰室内空气相对湿度在70%左右。这样的温湿度是最有利于兰花快速生长。这样的天气水分蒸发也很厉害的，再加上风助，更是快干如烤。于是，笔者采取相应措施：口径10厘米的小瓦盆3天浸1次盆，早晚用喷壶把盆面发白风干的植料各喷1次，使盆面保持潮润，有必要时中午再喷1次。口径15厘米的中号瓦盆5天浸1次盆，盆面植料喷水是一样的。口径20厘米的瓦盆7天浸盆1次，喷水润植料一样实施。口径10厘米的小塑料盆和大盆同期浸盆，盆面植料喷水也一视同仁。不同的是笔者从不给兰花植株喷水，以防芽心进水而腐烂诱发其他病害。事实上空气湿度达到要求时，植株根本就无需喷水，因此兰花长得好、焦尖少。

## 二、控水方法

在此期间在兰花控水上也要掌握分寸，要因兰、因盆、因植株的多寡而定。笔者是这样安排的：春兰、春剑、建兰一样给水，这其中大、中、小瓦盆分别归类给水。蕙兰中盆同大盆一道给水。塑料小盆同大盆一道给水。紫砂盆和出汗盆同大盆一道给水。遇久雨天采用盆面适当喷水来延长给水时间，如果非得给水时也会如期给水。此时肯定是离不开兰花生长灯的增光，微风扇的轻风微拂。

### 三、平衡用水

在兰花的给水中确保平衡有度，绝不随意哪盆多给或少给。在几天一浸中确保浸透，大、中、小盆一视同仁。存放两三天的自来水使用时对入新鲜的自来水，力求水质软硬平衡，使水中的活性和氧分子更加充盈。通过盆面植料的喷水调节以达到上、中、下三层植料干湿平衡。在给盆面植料喷水时确保平衡到位，以使新根生长不因局部短时过干而引起伸长受阻。在兰花的生长过程中给水如能确保平衡，兰花将会更加苗壮。

值得说明的是，笔者的兰花栽培环境是朝南的兰室，通风量随时通过窗户的开启大小而控制，管水不受天气所限，因为兰室配备了兰花生长灯。只要兰花需要水就给水，绝不等到第二天。兰室的卫生也是一流的，现在可以做到适时给水、补光、增湿、通风。在高温高湿期间绝不使用空调，这是笔者的管理原则。

（江苏/国香居）

# 干法养兰与湿法养兰

长期以来，人们基本都采用干法养兰。这种莳养方法的优点是操作简便，易于管理，接近于自然状态，如果栽培得法，兰花长势较好，花多，花香；但缺点也很明显，那就是稍有不慎，即可造成兰根干枯，影响兰花生长，甚至死苗。另外，由于供水不足，兰花发苗、生长都较为缓慢，甚至严重地影响了发苗率。为此，一些兰家开始探索新的莳兰方法，湿法养兰应运而生。尤其是 20 世纪 80 年代后，随着养兰技术的日益进步和养兰植料的不断改进，结合日本、韩国和我国台湾等地兰家的成功经验，湿法养兰逐步在我国得到流行，并被越来越多的兰家重视和采用。当然，事物总是一分为二的，湿法养兰也有其不足之处，如对环境的选择、盆具的选用、植料的配制均有一定的要求，管理相对繁琐，管理成本相对较高，需投入较大的精力，容易加速老苗的退化，且花的开品（如香味、瓣形）较传统养兰方法要略逊一筹。故选用何种养兰方法，不能一概而论，应结合自己的实际情况选用。

下面就两种莳兰方法作一简要介绍。

## 一、干法养兰

传统养兰方法均采用干法养兰，这种养兰方法对环境的要求不太严格，阳台里、房檐下、走廊边、树荫下都可。盆具一般采用瓦盆、陶盆、木盆、塑料盆等，尤其以腰鼓状的瓦盆、陶盆较为理想，其透气性好、吸水性强，非常适合干法养兰。兰盆要求底部有排水孔，侧面有透气孔；如达不到要求，可适当进行加工。盆具的大小，可视兰株的大小而定，切忌小兰大盆、弱兰大盆。

植料的选用，是兰花莳养成功的关键。一般干法养兰大多是采用取自深山幽谷有兰花生长处的腐殖土，然后加入适量的树皮、颗粒火烧土、泡沫塑料颗粒等进行适当改造。这种植料腐殖质含量丰富，呈微酸性，疏松透气，非常适合兰花生长。

上盆前，先将植料晾晒或用蒸、煮、微波炉烤等消毒杀菌，用筛子分为粗粒、中粒、细粒，分别储存，粉末状碎土应弃掉不用。上盆时，先将盆底用碎瓦片、泡沫块混合填充，作为排水层，主要起排水、透气的作用，此层约占盆高的 1/5；然后再加入一层粗粒植料，可同时加入少量发过酵的羊粪粒等作底肥，此层为基底层，主要起滤水、透气、营养的作用，约占盆高的 1/4。将经过修剪、消毒、晾晒的兰花小心放入兰盆，理顺兰根。左手扶兰株，使其保持在理想的栽培位置，右手渐次加入中粒植料。待植料加到一定量时，轻提兰株，轻轻摇动兰盆，再用手轻轻压实，使兰根与植料充分接触，防止兰根之间有空隙造成空根。然后继续加植料至假鳞茎处，再次摇动兰盆，使植料填充密实。此层为营养层，是兰根生长的主要场所，也是兰花吸收养分的主要场所，其厚度约占盆高的一半。当然，根据兰花种类的不同，其厚度也应有所调整。一般兰根较粗较长的，可适当增加厚度；兰根较细较短的，可适当减少厚度。接着再加入细植料，至淹没假鳞茎 2/3 位置时即可，轻轻压实，使盆面呈馒头状，此层为覆盖层。为防止浇水时细植料被水冲走或泥水溅入兰心，还应在此层上再加上适当的保水保护层。一般此层多采用粗粒硬植料，如颗粒火烧土、兰石、植金石，甚至五彩石等。江浙地区多采用移植翠云草，云南地区则多采用水苔，水苔要先用甲基托布津 1000 倍液浸泡消毒后，用手挤干水分，均匀地铺于盆面，然后浇上定根水，放阴凉通风处管护。

干法养兰中至关重要的一环就是水分管理。兰花是肉质性根，无根毛，与兰菌共生，靠兰菌菌丝吸收养分供给兰花生长之需；兰根本身又是兰花的重要呼吸器官，需要吸收氧气，同时，兰菌属需氧菌，其生长增殖也需要氧气，故植料必须透气，以保证氧气的供给。如果水分过多，植料中氧气含量少，则兰根呼吸就会受阻，兰菌也不能正常生长，容易产生空根烂根。干法养兰由于采用腐殖土，虽作了适当处理，但其保水性仍较强，通透性较差，且肥分较重，随着使用时间的增加，植料会发生板结、酸化等不良现象。如浇水时机掌握不当，极易捂坏兰根，影响兰花生长。古人强调"兰喜润而畏湿，喜干而畏燥"，一般植料含水量在 75%~40% 最为适宜，低于 40% 就应浇水，高于 75% 则时间长了极易渍坏兰根。

但具体什么时候该浇水，什么时候不该浇水，则要根据所处环境、所用植料、盆具大小、空气温湿度、兰花长势强弱而定。怎么判定兰盆水分的多少呢？兰家经过摸索，大致有以下几种方法。

1. 直观判断法

根据兰株叶片状况、兰盆表面干湿状况进行判断。如兰株叶片有轻度脱水，兰盆表面植料已干透，扒开表面植料约 5 厘米深，见其仍显干时，

说明植料已水分不足，应该浇水。

2. 称重法

其原理是将试验植料充分浇透，至无水沥出时其含水量为100%；将植料充分干透，其含水量约为20%。分别称重，通过计算，得出每单位重量对应的含水量，以此判断兰盆植料中含水量的高低。理论上，此法较为准确，但实际应用中，也会有所偏差，且不太容易操作。

3. 插棍法

即将一根竹棍小心插入兰盆适当位置，约1小时后抽出，根据竹棍的潮湿程度判断兰盆植料中含水量的多少。现在也有人用电子测湿计取代小竹棍，此法比较有效，也比较容易掌握，缺点是易伤到兰根。

4. 敲盆听音法

端起一盆兰花，将其放于耳边，用手轻敲兰盆边沿，如声音发闷，说明植料含水尚多；如声音发脆，说明该浇水了。此法需有一定的经验，初学者不易掌握。

5. 参照法

取一空盆作为参照，用相同的植料装入，然后与兰盆同时浇水，同时摆放在一起，检查时用手指插入参照盆中检视或倒盆观察，即可看出兰盆植料的含水量。

当然，一些资深兰家通过多年的摸索，也有一套自己对植料水分的判断办法，一般只需略作检视即知水分的多少，可谓"胸中有竹"，则另当别论了。

浇水方面，强调见干见湿，浇必浇透。兰花在生长过程中，兰根与兰菌不断吸收氧气，呼出二氧化碳，同时排出一些代谢废物，而浇水可以调剂植料中的空气，排出原来污浊的气体，置换入新鲜的空气，同时冲走排出的代谢废物，此外还可渍死小虫和虫卵，阻碍厌氧菌的生长，防止兰花发生病害。

一般而言，冬天要少浇水，因冬天兰花处于休眠状态，对水分的需求不大，约半个月至1个月浇1次即可；春天气温渐高，空气干燥，兰花萌发新芽，可适当加大给水量，促进新芽萌发和生长，一般1个星期左右浇1次即可；盛夏至初秋，烈日炎炎，气温高，兰花生长快，对水分的需求大，3~5天给1次水；仲秋至冬初，早晚温差大，空气较干燥，约1个星期给1次水。阴雨天可适当减少给水。

浇水一般采用多次重复给水法，沿盆边沿呈螺旋状少量多次给水，直到浇透；也可采用盆浸，但每次只浸一盆，倒掉后换入新水再浸另一盆，注意防止发生病害的交叉感染。由于植料中含有丰富的养分，而兰花生长相对缓慢，对养分的需求不如其他植物大，故一般干法养兰用肥提倡淡、薄，约每月1次，以防肥伤，弱兰、病兰最好不要施肥。当植料使用一段时间后，其通透性降低，pH减小，应给予更换，以防因其板结、酸化而影响兰花生长。

总之，干法养兰是一种简单、方便、实用、经济的养兰方法，无须投入太多精力和成本，尤其适用于时间不太充裕、精力有限的兰友。只要解决好了浇水问题，就可使所养兰花生长良好，花繁叶茂，花色鲜艳，花香浓郁，不失为一种较好的大众化养兰方法。

## 二、湿法养兰

湿法养兰是在总结干法养兰优点和不足的基础上发展起来的。其最大的特点就是"湿"，对环境、植料的要求相对要高一些。采用湿法养兰，应注意以下6点。

### 1. 植兰环境

相对干法养兰而言，湿法养兰对环境的要求要更高一些，尤其是对温度、湿度的把握要适当。若温度、湿度过低，就失去了湿法养兰的意义。故兰棚最好应采用全封闭或半封闭式，通风、采光良好，尽量避开各种污染源，如油烟、粉尘等。加大湿度的常见方法有：兰棚基础做防水材料，地面铺设红砖、沙石、火山石板等建筑材料保水层，或放置水盘、砌筑水池等，墙壁采用水幕墙玻璃、火山石板幕墙，或用喷水加湿等。

2. 盆具的选用

瓦盆、陶盆、木盆、塑料盆都是理想的养兰用盆，尤其塑料盆，因其价格便宜，轻便耐用，近来成为湿法养兰用盆的主流。

采用湿法莳养所选兰盆宜"瘦"宜小。这里所谓"瘦"是指兰盆盆形应修长，区别于传统干法养兰的腰鼓形兰盆；所谓小是相对而言的，兰盆是兰根生长的空间，兰盆太大会影响透气、积热、沥水，易造成积水烂根，使日常管护难度加大，且浪费植料。太小则会造成兰根生长空间受限，兰根相互争夺空间挤压植料，导致植料板结，使兰菌活动减弱，同时植料太少，所能提供的各种养分不足，同样也不利于兰根的生长，故应根据具体情况而定。那么怎么判断兰盆是否合适呢？可以用兰株的根系作为参考：能让大部分兰株根系在盆内自然伸展，假鳞茎在盆中的位置略低于盆面的，就是适合的。当然，如株型特别高大或苗数太多的兰花，应适当加大用盆。对于春兰、寒兰等根系偏细的兰种，可适当减少兰盆高度，或增加盆底滤水层厚度。

3. 植料的选用和制备

湿法养兰所选用的植料主要为粗植料，其配制应力求"疏松透气、沥水保湿"。笔者一般采用的配制比例为：腐叶 50%，颗粒树皮 15%，颗粒火烧土 15%，泡沫塑料颗粒 10%，颗粒红土 7%，蛇木 3%。具体配制方法为：将刺栎叶装入一塑料桶内，压实，冲入 90℃以上开水，将栎叶淹没，盖上盖子，浸泡 1 个月；倒掉水，将浸泡好的刺栎叶装入塑料袋，扎好口，放在阳光下任其自然发酵约 3 个月；待其变黑，散发出清香味后，取出过筛，去掉碎叶粉末，此即为腐叶。火烧颗粒土采用直径 0.5~1 厘米的为宜，用前先浸泡约 1 星期。树皮颗粒以直径 1~2 厘米为宜，用前应发酵，以栎树皮、柳树皮等为好。蛇木应剪为 2~5 厘米长的小段，用前浸泡 1 星期。将腐叶、火烧颗粒土、树皮粒、泡沫塑料颗粒按比例混合均匀，装入袋中放置一段时间后杀菌消毒备用。此植料呈微酸性，含有一定的养分和兰花需要的微量元素，非常适合莲瓣兰、春剑等的栽培。红土主要起调节植料酸碱度、供给兰花需要的微量元素等作用，由于易细碎、易板结，用量不

宜多，须待栽培时再加入。

上盆方法采用分层栽培法，具体为：在盆底垫适量泡沫塑料块作为排水层，将依上述方法配制的植料加入少量作为基底层，可同时加入少量发过酵的羊粪粒（此层约占盆高的1/4），压实，加入少量红土颗粒，形成一薄层。再将经消毒处理的兰株放入盆中，左手扶兰株，右手理顺兰根，使假鳞茎与盆口平齐。然后加入植料，边加边用手轻轻压一压，使兰根与植料充分接触；待加至约一半时，加入少量红土颗粒，形成一薄层。接着加入植料至接近假鳞茎处，再加入少量红土颗粒，形成一薄层。继续加入植料，以微微露出假鳞茎为宜，用手轻压植料并将盆面理为馒头状。最后在假鳞茎周边撒上剩余的少许红土颗粒，用少量植金石覆盖在红土上面，将经过浸泡消毒的水苔挤去水分，均匀铺于盆面，浇入定根水即可。

当然，以上仅是对云南兰友常用的植料而言，如采用仙土等其他植料栽植，可参照处理。植料使用一段时间后，易发生腐坏或细碎，应及时更换。

### 4. 水分管理

湿法养兰之"湿"，是指重水管理，其有三层含义：一是适当增加空气湿度，二是加大给水量，三是加大给水次数。由于湿法养兰所用盆具偏小，植料通透性好，排水性强，水分蒸发快，植料不容易积水，因此水分管理中提倡重水管理：空气相对湿度宜为70%左右；浇水时要浇透，在一般情况下，兰盆内的植料任何时候都是潮润的；浇水的次数要增加。浇水次数多的好处在于：

一是可以带动植料中的气流运动，置换植料中的空气，同时水中的氧气也会释放出来，从而使植料中的空气富含氧气，供给兰根、兰菌。

二是可以带走兰根和兰菌所产生的代谢废物，更有利于兰根生长和兰菌活动。

三是可使植料有机质加快转化，为兰花提供丰富的营养，并防止植料发酵产生的热量和废物危害兰根。

四是新鲜的水活性高，含有极少的养分，更有利于植物吸收作用。

采用湿法养兰，对水质的要求要比干法养兰要高。新鲜的雨水是较好的浇兰用水，但一则难以收集，一则一些地方空气污染大，雨水有可能被污染，故而现在大都采用自来水。因自来水中含有氯气，对于湿法养兰而言，长期直接使用，过高的氯含量会影响兰花生长，并且氯气发生化合反应所产生的原子氧是极强的杀菌剂，会抑制兰菌的活性，故最好还是放置12小时左右，待其中氯气大部分逸出后再使用。如采用井水，因井水中钙质含量较高，长期使用极容易在盆面及兰根部形成碳酸钙沉淀层，影响兰花生长，故应加入少量草酸沉淀掉钙离子。对于存储时间过长的水，由于水分子的链聚作用，水的物理活性大大降低，不利于兰花吸收利用，故应尽量使用鲜活的水。

 **高手这么说**

重水管理不等于没有规律、没有节制地乱浇水。一般而言，应掌握一个原则：天热多浇、天冷少浇，天晴多浇、阴雨天少浇，小盆多浇、大盆少浇，健壮苗多浇、病弱苗少浇，空气干燥多浇、空气湿润少浇。

初春至初夏，每天可浇1~2次，在早上日出后、傍晚日落前进行；盛夏至仲秋，可每天浇2~3次，于早、中、晚进行；秋末冬初可2~3天浇1次，于早上日出时或傍晚日落时进行；隆冬时节，因兰花处于休眠期，对水分的需求较少，可1星期左右浇1次，于晴朗的中午进行。浇水时一定要浇透，切忌浇半截水，以防因植料过分干燥而造成兰花空根，影响兰花生长。浇水后要加强通风、采光。

由于湿法养兰采用重水管理，势必造成植料中的部分养料随水分流失，故而适时施肥是极其重要的。一般宜淡宜薄宜勤。笔者采用自制有机肥料施用，效果不错，方法为：将油菜饼、蒿芝等分别浸泡，自然发酵1年以上，按1：10的比例加入清水后用于浇兰，1星期一两次即可。同时结合施叶面肥，用2000倍左右磷酸二氢钾及尿素溶液分别喷施，以叶面形成细滴不流入叶心为度，时间以早晚施用较佳。如不具备自制有机肥的条件，

或嫌自制太麻烦者，可直接施用市售兰肥，如高萃、兰菌王等。不管是自制兰肥还是商品兰肥，施用前最好先用普草做实验，先了解其有无危害、施用的适宜浓度，以防不测。

5. 采光和通风管理

湿法养兰，采用重水管理，而春、夏、秋时节水温通常较室温低，容易造成兰盆内温度过低，影响兰花生长。因而一方面要对水温要有所要求：水温不能太低，太低易造成盆温骤降，造成兰花生理性脱水；但水温太高又易造成兰盆内积热，闷坏兰根，一般比环境温度略低即可。另一方面，要适当加大采光量，以满足兰花对温度的要求。阳光是植物生长的原动力，"万物生长靠太阳"，兰叶通过光合作用生产养分，除满足自身需要外，还供兰株萌发新株、繁衍后代之用。同时，适当的光照，可增强植株抗逆性，杀灭有害病菌，促使兰花正常萌发叶芽、花芽，正常开花。光照还能提高兰盆内的温度，促使盆内有机质的分解转化，为兰花生长提供必要的养料。通风也是兰花生长的一个重要条件。通风一般采用自然通风较好，以玉溪为例，由于常年南风习习，可在兰棚的南面、北南开设通风窗，即可达到满意的效果；如不具备开窗条件，或自然通风满足不了实际需要时，则使用电风扇进行人工通风换气也是一个不错的选择。

## 高手这么说

湿法养兰，采用高温高湿栽培法，各种病菌容易滋生，且浇水时稍有不慎，就有可能造成兰心积水，如不注意通风，极易发生病害，故而加强通风是十分重要的。

总之，采用湿法管理，水量供给充足，植物体内水分含量高，容易激发兰花萌芽和生长，可有效提高兰株发芽率，促进兰花的生长发育，提高养兰效益。但此法仅适用于平时工作不太忙，空闲时间较多的兰友。

（云南/陈天俊）

# 肥料施用技术

# 兰肥的效用与施肥方法

　　兰花所需的养分和其他植物相同，除需光合作用所生成碳水化合物外，氮、磷、钾及钙、镁、硫等元素也是不可或缺的。

　　氮主要是促进叶、芽成长，使叶色变浓厚。氮肥过多时，植株易徒长及延后成熟，抗病力也较弱；氮肥不足时，新芽生长迟滞且尖细，成株叶色较黄且薄。

　　磷为植物体主要成分之一，兰株之细胞分裂，根、茎、叶之结实、花、芽之分化均需要磷。兰株若缺磷，开花率及发芽率均不高，根、茎、叶生长也受阻。

　　钾亦为兰株生长主要元素之一。但钾并非体内之组织成分，仅存在细胞液中呈游离状态。钾的作用是溶解养分并输送至各细胞组织。氮或磷若无钾之配合，氮为无用之氮，磷为无用之磷。钾充足时，兰株假鳞茎硕大，根系旺盛，耐旱力、抗寒力、抗病力均可增加，花色也较鲜艳持久。

　　钙的作用与钾相反，钙可固结养分以利各组织摄取。钾过多、钙不足时，叶基部组织易软化下垂；钙过量，新芽易停止生长。钙溶于酸，易与碱结合，水质中性及微碱性时，磷、钙肥吸收率较高，氮肥则偏向微酸性。因此，植株在前期宜多施氮钾肥，后期宜多施磷钙肥。

　　镁为叶绿素之主要成分。若缺镁，叶色易黄化。

　　硫为兰株叶面蜡质之主要成分，雨水中即含有多量的硫。在露天淋雨场所栽植的兰株叶面光泽油亮，即因雨水含较多硫之故。

　　其他微量元素的作用均与上述几项元素功能近似，但对兰株的影响并不明显。

　　兰花在天然环境栽培，在无遮雨设施的情况下肥料流失较严重。在基肥方面，宜用长效性固体肥料，追肥适用速效性液体肥。

长效性固体肥料分有机肥与化肥两类。有机肥即一般传统米糠、豆饼、骨粉、磷矿粉、海鸟粪、草木灰或海草粉，再加上微生物发酵腐熟之肥料，即市面上所称微生物有机肥。其优点为不发臭，发酵快，比传统自然发酵时间缩短3~4倍。为避免病菌害虫滋生，尽量少用动物性有机物，例如鸡粪、腐肉之类。这些肥料以施放盆面为宜，预防盆内发酵生热伤根。

长效性化肥即一般市售复合性肥料，如魔肥、好康多之类。利用树脂凝胶遇热释放原理，把肥分慢慢释放出来。时效有90天至1年不等。其优点为无臭无味，使用方便。缺点为微量元素较缺乏。

速效性有机液肥，即目前最新生物科技之糖醋液及微生物有机液肥。其原料是利用糖浆、豆浆、鸡蛋、牛乳之类高蛋白质、糖类加上多种有益微生物菌发酵分解产生酵素及氨基酸，再加上植物焖烧提炼之木醋精混合而成；且依作物需要，可添加米糠（氮）、磷矿粉（磷）、海草精（钾）、贝壳粉（钙、镁、铁）。制作上较为复杂，使用上却极为方便，直接用水稀释后喷洒即可，而且还可抑制病虫害，对花色鲜艳、叶质增厚及促进长根均有明显效果。

速效性化肥，如花宝、百得肥、益肥丹、尿素之类。有液体及粉状两种，其优点为效果快，其流失也相对较快。

固体肥料施法，以盆面或盆面下两三厘米为宜。若平均混入土中，日积月累之后，上下分布不均容易伤根。

液体肥料施法，最好选在清晨进行，因为液体肥料多数为速效性肥，无光合作用时，不为植物吸收利用。施肥之前不要先浇水，否则流失者多于吸收者。

（台湾／吴森源）

# 兰花施肥经验

水、肥是一切植物正常生长发育的物质基础，水、肥的施用及管理自

然就成为兰友关心、讨论的热门话题。笔者结合莳兰感受，粗浅地谈一点兰花施肥的经验。

## 一、肥料自制法

一般肥料在当地种子站均有销售，还有专供的兰花用肥，施用时按说明书酌减即可，非常方便。除上述肥料外，自己亦可沤制一些农家肥、绿肥、多元肥。

①农家肥：用黄豆、花生、玉米、芝麻、豆饼、菜子饼、芝麻渣等沤制肥水。这类肥水含钾、氮较多，适宜春季施用，使用管理得法，兰株发苗率较高。这种肥经沤制发酵有刺鼻的臭味，并有大量有害菌虫，要经过严格灭菌杀虫（可加农药闷1周）。施用前放橘皮少许可消除臭味。施用时可稀释400~500倍液，一般以闻不到气味为佳。

②绿肥：用仙人掌、芦荟、柳树枝叶撕碎后泡水10日后施用。天热浸泡3日后，会生存大量小虫，形同水蚯蚓，施用时应戴乳胶手套，在盆面撒10余粒克百威即可。另外，应时的嫩花生、玉米、黄豆洗净带皮煮后的水是很好的绿肥，果实可以食用，煮水经冷凉后酌情加水使用效果很好。

农家肥和绿肥为春季和夏初的常用肥料，对发苗壮苗非常有利，但随季节变化，肥料种类也要变化。

③多元肥：开春后便可以制作多元肥料了，具体做法是：用啤酒250克、酸奶150克、豆饼水100克、磷肥二氢钾250克合在一起摇晃均匀，盖好瓶盖，置于向阳处，经3~4个月发酵后加水500倍即可使用。这种肥料含磷、钾较多，适用于兰株孕蕾期。

## 二、兰株"六期"施肥要领

①萌动期：春季8~12℃，兰株开始萌动。氮肥按正常比例稀释后再稀释8~10倍，做到每次浇水有肥，每月叶面喷施磷钾肥。确保兰株苏醒后及时吸收养分，为兰株发苗打好基础。施肥要勤，肥料要淡。

②春季生长期：春季13~20℃为兰株生长温度。当气温达到13℃以上

时，氮肥、钾肥各半，按比例稀释后灌根 1 次，促使母株芦头分化新芽。这一段时间是兰株生长的黄金季节，及时施肥在 1 年的生产中至关重要。切莫施肥过浓损伤兰株，要按说明书比例略减肥量后施肥。自制的饼肥最好通过实验观察后使用，切忌操之过急。因为这类肥料的含量把握不准，很容易造成损失。一般稀释 500 倍不会有问题（不绝对）。随气温逐渐升高，新芽迅速膨大，辅以磷肥喷叶。尽量让兰株采光，以促进养分吸收。施肥后要仔细观察植株生长情况，发现肥害应及时灌水或翻盆。

③春季生长旺盛期：春季气温 21~32℃，兰株生长旺盛。由于灌施根肥不久，多数植料中仍含有剩余肥分，故不宜再刻意施肥，只需结合浇水施之即可。2~3 天喷 1 次叶面肥，对兰株的正常生长发育无碍，粗植料可补施根肥 1 次。

④滞生期：夏季气温 33℃以上，兰株生长滞长。当年新苗即使生长也十分缓慢，而父代草则在这一时间孕育花蕾，因此，这时仍需喷施一些磷肥（浓度要淡，忌浓肥），以促使父草着生花蕾。

⑤秋季生长旺盛期：秋季气温 20~30℃，兰株又进入旺盛生长期。这一时期当年新芽基本成苗，少数为半成苗，经过秋季均能长成大草、壮苗。父草孕育的花蕾基本出土，少数新株壮苗偶有出花现象。凡有花蕾者应停施根肥，叶面肥酌情减半；无花兰株可根施磷钾肥 1 次，确保当年新芦头硕大，明年开花才有希望。

⑥冬眠期：冬季气温 8℃以下，兰株基本停止生长。在阳台、室内养护的兰株，仍需喷施少量叶面肥，每月 1~2 次，以磷钾肥为主，在天气晴朗的中午喷施。

### 三、过量施肥对兰株造成的影响

适当、有选择地施肥是确保兰株强壮生长的有力措施。肥力不足不会对兰株造成致命伤害，也不会对兰株生长发育造成太大的影响，但过量的施肥会对兰株造成不同程度的负面影响，严重者可导致死亡。

肥害常危害根部及芦头，而芦头和根是兰株生命之源，因此我们应很好地保护。

　　兰株的根系分为三层，第一层根皮，包裹着根系兰菌共生体，直接吸收植料中的肥料；第二层为兰菌共生体，含水量较大，晶莹剔透，主要功能是转换、消化表层吸收的肥料；第三层为兰株根心，负责运输、输送兰株生长所需的营养及水分。兰株根系功能如同我们的肠胃功能，承担着吸收、消化、供给兰株所需的营养及水分的任务。健康的兰株根系三层均白色或乳白色。黄色、黑色都是不健康根系之征兆。

　　肥害伤及兰根第一层，不会对兰株生长造成明显影响，其危害性较小。细心观察，及时发现，适当调整施肥，很容易纠正。当肥害伤及根系第二层时，肥害就比较严重了，最初根系停止生长，根尖枯黑至整个根系全部僵化，吸收、消化系统全部瘫痪；此时，兰株已处在非常危险时期。因此，生长期或生长旺盛期（刻意施肥后）应细心观察兰株长势。但亦有少数兰株因开花或分株较迟而停滞生长或生长缓慢，这是正常现象，不必翻盆。

### 高手这么说

　　一旦新苗停止生长就要引起高度的重视。造成新苗停止生长的原因主要有两点，一是植料过肥，新生根芽受害；二是发生病害。这两种情况下都应及时翻盆，采取相应的措施。

　　兰株根系第一层和第二层僵化坏死后，兰株仍不会倒下，这时兰株仅靠第三层的根心供给一定的水分来维持生命，此时，它先分化新芽，再长新根。但盆内植料过肥，新根长至4~6厘米时，第二层根系细胞可能便被破坏了，如此循环，草只能是越养越小了。

　　第二层根系细胞被损坏后，兰株已处在危险边缘了，这时，肥害继续向内延伸，侵害兰株根心，根心被侵害后逐步变黑枯竭，至此整个吸收、消化、供给系统宣告彻底瘫痪。尽管如此，兰株仍不会很快倒下，芦头中的营养及水分仍能支持叶片支撑一段时间，这时的兰株离死亡只有一步之遥了。即使翻盆换土，复壮也要3~4年的功夫，最少5年后才能复花。这样的兰株管理就很费劲了，各类病菌也会乘虚而入。　　　　　　（安徽／宋明远）

# 给兰草施肥诀窍：适时适量

笔者怎样给兰草施肥？在回答这个问题之前，首先介绍一下自己养兰的基本情况。笔者采用腐殖土与粗植料混合栽培。植兰的阳台坐南朝北。因阳台的负荷有限，笔者选用质轻的高筒塑料盆，经自己加工钻孔后栽植。

笔者给兰草施肥，采用的是有机肥与无机肥相结合。施肥的方法是喷浇结合。根据兰草的生理特性和生长习性，从阳台养兰的实际出发，适时适量地给兰草施肥，做到薄肥勤施。在兰草进入正常管理后，一般不施叶面肥，即使要施肥，也是在立春后或仲秋后，温度在15℃以上、30℃以下，天气晴朗的傍晚才喷施（喷施无机肥，如磷酸二氢钾、尿素）。

平时，笔者一般用磷酸二氢钾 3000 倍液喷施盆土表层，结合 5~7 天浇一透水时，在所浇水中掺入腐熟无菌的猪粪水或腐熟的菜籽麸液，对水对得很淡，慢慢地沿着盆沿浇施。每次施肥，猪粪水与菜籽麸液交替使用。

笔者在兰草发芽长根时节，施用生物菌肥，如贵州遵义沁园春兰苑研制的兰卉神、四川国光农化有限公司研制生产的国光兰花催芽液和国光兰根宝，有生根、催芽、壮苗的作用。

笔者阳台上栽培的兰草根壮叶茂，长势喜人。笔者坦诚地告诉兰友：给兰草施肥，要从实际出发，因地制宜，适时适量灵活地给兰草施肥，兰草自然就长好了。

不少兰友养兰失败的原因就是施肥不适时或不适量，尤以施肥过量多见，这是必须引以为戒的。

（四川/邓中福）

# 兰花叶面施肥

兰花叶面施肥又叫根外施肥，具有用肥量少、吸收快、针对性强等特点，对防治缺素症、增强兰株长势与抗病防寒能力，有着十分重要的作用。

## 一、喷肥种类

兰花生长同其他植物一样，首先要满足对氮、磷、钾三种元素养分的需要，但钙、铁、锌、镁、铜、硼、钼等也必不可少。常用于兰花叶面喷肥的肥料，含氮的有尿素、硫酸铵、硝酸铵；含磷的有过磷酸钙、磷酸钾、磷酸二氢钾；含钾的有硝酸钾、氯化钾；含钙的有过磷酸钙；含铁的有硫酸亚铁；含锌的有硫酸锌；含镁的有硫酸镁；含铜的有硫酸铜；含硼的有硼砂、硼酸；含钼的有钼酸。

## 二、喷肥浓度

兰花叶面施肥，必须将肥稀释至一定浓度，既要有良好的肥效，又不要遭受肥害。喷肥的浓度因不同肥料而异，一般掌握：尿素 0.2%，磷酸二氢钾 0.3%，硫酸钾、硝酸钾复合肥 0.1%，过磷酸钙 0.5%，硫酸镁 0.5%，硫酸亚铁 0.5%，硫酸锌 0.1%，硫酸铜 0.2%，硼砂、硼酸 0.3%，钼酸 0.1%。此外，益多、远硕、施达、兰菌王、喷施宝之类肥料，须按产品说明书配制施用。

## 三、喷施部位

兰花叶面喷肥重点部位在叶片背面。这是因为叶的正面披有一层光亮的角质层，肥液不易进入；而背面没有角质层，且有许许多多气孔，肥液容易渗入吸收。但在喷施时一定要喷洒全株，即兰根以外的所有部位：叶面、叶柄、叶鞘及土面上的假鳞茎。放在地面的兰株，在喷肥时须将兰盆侧放并转动 1 周，这样才能做到面面俱到，促使兰株均衡生长。

### 四、喷肥时机

兰花叶面喷肥，在发新芽、生新根时期，一般 7~10 天施 1 次，连施 2~3 次。发花芽至开花前，每半个月左右施 1 次。其他生长期每月施 1~2 次。在营养生长期多施氮钾肥，生殖生长期多施磷钾肥。

叶面喷肥的时间，须依天气阴晴、温度高低、湿度大小而定。气温在 18~25℃之间，兰叶的气孔全面张开，此时喷肥效果最佳。气温在 15℃以下，因气温低，叶的气孔关闭或张开甚少，肥液不易吸收。气温在 30℃以上，又因气温高，叶片受到烘烤，喷肥又会造成肥害。当空气湿度大时，肥液在叶片上停留的时间长，吸收的养分也最多。

喷肥的最佳时间，是在无风的晴天或阴天，又以清晨、傍晚更佳。同时还须注意做到严寒不施，酷暑不施，雨天不施，中午不施，花期不施。

（陕西/朱峰山）

# 警惕：颗粒植料肥害

笔者原以为颗粒植料疏水，可大胆、放心地施肥，曾以稀薄的化肥溶液每周施 1 次。头年效果颇佳，以后发现越来越不对劲，最后大批兰株枯死。追查死因，开始怀疑得了什么兰病，最后方知元凶是颗粒植料。

颗粒植料虽然不积水，但肥液中一部分肥水被颗粒吸收，颗粒越干吸收越多。肥水被颗粒吸收以后，随着水分蒸发，肥料积存颗粒之中。一次次施肥，一次次蓄积，最后以致颗粒植料几乎变成颗粒肥料，导致兰草大批死亡。

此种情况多发生在阳台养兰和室内养兰，盆数少，采用喷雾器浇水，

颗粒湿润了就停止，无法将盆内剩余肥料冲淋去。大面积养兰很少有此种情况发生，因采用大水淋兰方法，可把盆内的剩余肥料冲走。尽管如此，也难免有蓄积之弊。故换下来的颗粒旧料不要马上重复使用，要放在清水里浸泡1周，中间换几次清水。经过如此净化处理的旧料，方可安全使用。

（浙江/老铁）

# 兰花施用有机复合肥效果探讨

笔者从市面上选择了4种有机复合肥，分别是：高萃（成都高萃生物科技有限公司）、兰菌王（成都华奕科技发展公司）、植物活力增强液（日本一灯园农事研究所）、邦龙鱼蛋白有机肥（美国邦龙烟台生物农业发展有限公司）。做了两个小试验，其目的一是对比各有机肥的肥效，二是观察中期施肥对花、苗、芽发生有何影响。尽管试验设计不完善，但从试验结果中还能看出点趋势，所获结果可算个人的一点经验积累，介绍给兰友参考。现将两个试验结果展示于下。

## 一、大雪素施用4种有机复合肥对比试验效果

①试验设计：实验对象是莲瓣兰传统品种大雪素，因栽培较普及，试验结果易感受。

笔者选4盆大雪素，分别施上述4种肥料，其中一盆施用邦龙鱼蛋白有机肥时加入了兰菌王。

施肥6次，贯穿于兰株出苗至花芽分化期全过程，即3~9月，每月1次，施后即灌水。

②试验结果：4种肥料对加快叶片生长速度（标志营养生长状况）的影响，以邦龙鱼蛋白有机肥及兰菌王最明显，高萃及植物活力增强液居后；而对叶芽及花芽分化的影响来说：高萃产生苗芽、花芽数量较多，特别是

促花芽分化较明显，促花系数为 0.8，从而提升了总系数（促苗系数 + 促花系数），数值为 2，排位第一；植物活力增强液促苗芽分化较明显，促苗系数为 1.33，但促花系数略低，故总系数为 1.83，排位第二；邦龙鱼蛋白有机肥促苗芽分化最明显，促苗芽系数为 1.4，排位第一（当然也跟加入兰菌王而产生的肥效叠加作用有很大关系），但促花芽系数较低，从而把总系数拉了下来，数值为 1.8，排为第三；兰菌王促苗系数较低，为 1，促花系数较高，为 0.75，但总系数不高，排位最后。

③讨论：4 种有机复合肥对兰花的生长发育都产生了积极的影响，由于各种肥料的成分及组合的不同，其对兰株的影响是有差异的。高萃肥效稳而长，对生殖生长有明显促进作用。植物活力增强液肥效较全面，对营养生长与生殖生长均产生良好影响。邦龙鱼蛋白有机肥加速叶片生长，促进苗芽分化作用较明显。兰菌王对菌根生长有利，在根系发育良好的基础上，全面改善了兰株的生育状况，对后期花芽分化有利，从而提高了花芽分化系数。

## 二、兰苗生长中期施用邦龙鱼蛋白有机肥效果

①试验设计：选 6 盆大雪素，其中 4 盆于兰苗生长中期施用邦龙鱼蛋白有机肥，分别于 7 月 20 日、8 月 20 日、9 月 20 日施肥 3 次。每盆施 2 克，对水 300 倍后浇施。另两盆不施肥，到时仅浇水，设为对照。

②试验结果：施肥期选在兰株进入发苗高峰期已过、花芽分化期开始的营养生长与生殖生长并进期。施肥兰株与对照相比，提高了花芽分化率 10%，同时也促进了部分苗芽的分化。邦龙鱼蛋白有机肥因其含较多的氮素活性物，对加速叶片生长效果较明显，日均叶片生长速度提高 19.3%，叶长度增加 5%。

③讨论：本试验设计很简单，却说明了一个问题：随着兰株生长发育阶段的推进，可根据需要，选择一些有机复合肥，在恰当的时段，用适宜的用量，可取得一定效果。这为合理调控兰花生长发育提供了一种重要的科学手段。如通过巧施肥促控根叶生长、发苗发花，促壮苗防病等。当然，

要达到上述目标，须充分认识有机复合肥的性能，正确选择产品，并与其他措施配合施行。可见，兰花合理施肥问题内容很丰富，值得我们不断实践、探索、总结，以提高养兰水平。

## 三、小结

①从"有机兰花"的理念出发，在兰花生长发育期间，适当追施点有机复合肥，及时补充一些速效养分，可激活根际有益微生物，有利兰菌繁衍，满足兰花对多种元素的需要，促进兰株健壮成长，很有必要；也符合兰花及兰菌喜养分清淡的习性。

②有机复合肥种类的选择要慎重，要多方面了解其成分含量、作用机理、适宜的施用时期及浓度。如有的复合肥重在激活土壤微生物，有利菌根生长；有的促苗效果好；有的以促进花芽发育见长等。很少有万能的有机复合肥，即使有如广告宣传的那样的肥料，一施入兰盆以后，由于兰盆内存在着复杂的淋溶及分解作用，其效能也大打折扣。因此，要根据自己的苗情及施肥的目的性，有选择、有目的地应用各具特长的复合肥。

③追施有机复合肥，要遵循"五看"的原则。即一看兰盆基质组成。基质成分以有机物为主，肥分较高的，可不追肥或少追肥。基质成分以矿物类为主的，则多追肥。二看天气状况。晴朗、气温高的天气，肥料分解快，可多施肥；反之，则少施肥。三看苗情。新移栽苗、瘦弱苗、病苗及叶色浓绿披软苗不施肥，叶色淡绿鲜亮、叶形硬朗、根系发育正常的兰苗，可施肥。四看生长期。兰苗发育期多施肥，花芽分化期酌情施磷钾含量高的有机复合肥。开花期、休眠或半休眠期不施肥。五看兰花品种。高棵宽厚大叶型品种多施肥，细叶矮小品种少施肥等。当然，上述原则是相对的，应灵活加以应用。

（云南／陈定谋、陈浩）

# 兰花不同生长期肥料的选用

### 一、花艺类

根据生长各个时期的需要，按成分的不同搭配施肥。如幼苗期施含氮较多的肥料，促幼苗成长（如多木1号，花宝5号之类）；长叶期施含氮和钾较多的肥料，促叶、茎、根强壮（如多木2号、花宝4号之类）；成株期施含磷和钾较多的肥料，促宽叶结头（如多木3号、花宝3号之类）。

### 二、叶艺类

为了有利于线艺的发展，采用氮、磷、钾三种成分相等的搭配，又称三等分肥（如花宝2号、奥妙肥之类）。对叶艺兰之所以使用三等分肥，主要是让兰株在幼苗期少吸收一些氮，减少一些叶绿素，有利于线艺的发展，到成株期少吸收一些磷钾，以减弱叶色深绿和叶片肥厚，有利于线艺的显现。此外，用自己沤制的有机肥（用螺蚬、鸡毛、虾壳、鱼鳃和牛骨炭等沤制两年以上），对水50~100倍后施用。笔者已使用多年，对培植叶艺兰效果良好。

（广东/谢宝明）

# 利用大豆、花生和玉米自制兰肥

据浙江省台州市黄岩区兰友戴智勇介绍，他采用大豆、花生加玉米，煮烂后浇兰，收到意想不到的效果。这种好的方法和经验，十分珍贵，值得与广大兰友共享。

①基本方法：取大豆、玉米各250克，花生500克，洗净后放入直径

61 厘米（24 英寸）的大高压锅内，加水约 2.5 千克（即 2500 毫升或约占高压锅的八分满）。先用大火煮开，再用小火缓慢煮烂。约 20 分钟后取出，倒尽锅内上方的澄清液。而后再以上述同样的方法加水煮 15~20 分钟，取出后倒出澄清液，将两澄清液一起倒入装有 30 千克水的桶内，经搅拌均匀后即可用于浇兰。一般可浇 80~100 盆兰花。在大豆、花生、玉米的澄清液浇兰后的第二天，最好用 1∶4000 的高锰酸钾消毒液将兰花淋一遍。全年只要在上半年和下半年各浇施 1 次即可。上述方法既简单又容易操作，也无任何副作用。

②效果观察：据戴智勇介绍，其效果一是兰花的根系发达、密集粗大，玉质感极强，无烂根现象发生。二是兰花的老草苗壮稳健，新芽硕大健壮、出土有力，新草叶片宽厚，叶色浓绿光亮，叶片多达 8~10 片，少则 5~7 片。三是发芽繁殖率高，一般草普遍都可成倍增长，甚至是成双倍增长。四是着花期提前，一般两苗草经 1 年繁殖，第二年便可起花。其花朵大，花品端正，花期长，而且年年可以复花。

③营养分析：因大豆、花生、玉米极富营养。从植物本身营养学分析来看，玉米是谷类食物，富含大量的糖类物质（70%~80%）、蛋白质、无机盐和 B 族维生素，还含有少量的脂肪。在黄玉米中，还含有少量的胡萝卜素。大豆含蛋白质约 40%，其氨基酸的成分几乎与乳蛋白、鸡蛋白相似，要是与谷类蛋白混合，可提高生理价值。大豆含有大量的脂肪。豆油是人们常用的植物油，富含不饱和脂肪酸和卵磷脂，营养价值极高。大豆还含有丰富的无机盐和 B 族维生素。花生也含有丰富的蛋白质、脂肪和 B 族维生素。三者合用，其营养价值之高就可想而知了。

④注意事项：当大豆、花生和玉米作为有机肥料给兰花追施时，虽然没有副作用，但还是要注意如下几点：一是煮好倒出的澄清液，待冷却后便可使用，切勿放置过久，长时间的放置会被病菌侵袭，导致腐败酸臭，再拿来浇兰，恐怕对兰花是有害而无益。二是浇后的第二天采用 1∶4000 的高锰酸钾消毒液淋一遍是十分必要的，既可淋掉粘在叶面上的残物，也可起消毒防腐作用。三是大豆、花生、玉米的配置浓度切勿过高，一旦

过高，虽然不会引起植株的死亡倒苗现象，但也犹如得了一场大病，会影响日后长势。

（浙江／章金国）

# 生态兰肥——卵壳钙

钙是植物生长必需的营养素之一。钙关系到植物对碳水化合物和蛋白质的应用，并作为形成细胞膜的主要成分，关系到细胞分裂。但钙与其他无机物不同，不易被植物吸收和在其体内移动。因此，尽管在土壤中有充足的钙，但在夏季的高温干燥期，其植株容易出现各种缺钙症。缺钙最典型的症状是叶尖干枯。兰花叶尖干枯的原因很多，多为根部出现问题，不能向其地上部分输送充足的水分和营养物质，但估计钙的不足也是重要原因之一。

钙是地球上除氧气和硅之外储量最多的物质，人们很容易得到它。含钙多的材料有牡蛎壳、蟹壳、蛋壳等，其中蛋壳含有大量钙，还含有蛋白质、脂肪、钾、镁、钠等多种养料，使用米醋制作成的卵壳钙，好于市售的各种钙制剂，是用于养兰的最优高钙营养液。

## 一、制作方法

制作程序为：将蛋壳晾干；用粉碎机粉碎，粉碎成粉状更好；向盛有米醋的容器缓慢撒入蛋壳粉，之后用可透气的物品（如布块）盖好，放置7天左右；将制成的水溶性卵壳钙过滤后用水稀释500倍后使用。

将干净的蛋壳1千克晾2~3天，使其完全干燥后用粉碎机粉碎成粉末，将其投入装有20升米醋的较大的容器内。由于蛋壳粉投入到米醋中后其中的钙会与醋酸发生化学反应，释放出二氧化碳，产生大量的泡沫，因此蛋壳粉要一点一点地缓慢投入，以防逸出。环境温度对制作虽无大的影响，但最好放在22~25℃稳定室温下的避光处。容器中无气泡放出，蛋壳粉沉

到底并纹丝不动时，说明碳酸钙已全部被溶出，可滤除沉渣后使用。一般经过 3~4 天，反应基本结束，可在 1 周之内完成反应，但有时可能还有没被完全溶解的蛋壳粉沉到容器底部，这说明蛋壳粉过量，无法被米醋完全溶解，处于饱和状态；对此可将已溶出的溶液倒出后，再向容器加入适量米醋，使蛋壳粉继续溶解。

## 二、使用方法

按以上方法制作的水溶性卵壳钙呈弱酸性（pH 5.2~5.4），含有大量有机态活性钙（约 2%）、有机养分（每千克溶液含 23.3 克）及各种无机营养素，是一种优良的高钙营养液。卵壳钙在使用前要用水稀释，用于兰花的基本稀释倍数为 500 倍，即 1 毫升卵壳钙加水 500 毫升。根据兰花的不同生育情况和气象条件，可以将肥液浓度提高 1 倍或减半使用。总之，要根据自己兰花的实际情况灵活掌握喷洒浓度与次数。

## 三、使用效果

如同前述，卵壳钙可防止兰花徒长，使植株更加挺健，防止因缺钙造成的烧尖现象，提高兰花对各种病虫害的抵抗力。笔者一直将自制的卵壳钙用于自家所养兰花上，但并没有以兰花为对象进行过专门的研究。据对辣椒、白菜等的研究结果表明，卵壳钙可提高这些作物的产量 20%~30%，抑制白粉病等病害的发生达 40%~60%，也能抑制蚜虫等害虫的发生。

[韩国 / 池亨镇（金钟云译）]

# 草木灰养兰好

草木灰中的主要元素是钾，它是植物生长所需三大元素之一。多年来笔者使用草木灰栽培兰花，收到了很好的效果。

每年冬季和来年春天的时候，到山上割些草、小叶杂木、芒秆、芦秆等，晒干烧成灰。冷后直接放到兰花盆面上去，厚度两三厘米，管理同正常一样，不放其他肥料。第二年把头年盆面上的草木灰铲掉，铺放上新的，每年如此。通过几年的实践对比后发现，放草木灰的兰花，叶色青绿，分蘖多，苗粗壮，叶片厚而硬，花比正常的多1~2箭，特别是兰花炭疽病较少。笔者对地栽兰花也使用了草木灰，效果更明显。

使用草木灰养兰注意事项：芒秆、芦秆、米碎树等小叶杂木为上等，其他次之，稻草灰较差。 （山东／翟洪民）

# 日常养护措施

# 适度温差养兰

营造适度温差是栽培管理中十分重要的一项措施，要引起足够重视。在现代人工栽培条件下，多样化的相对封闭的兰棚兰室，其与大气的热交流格局有所改变，要模拟自然状态下的那种兰花所需要的动态温差节律变化有很大的难度，更何况所栽培的兰花又来源于五湖四海，众多兰花品种对温差有着不同的要求。笔者认为，人工引种栽培兰花，一定要充分考虑引种地与原产地的自然条件差异程度，特别是温差变化差异。对于大多数城市家庭养兰爱好者来讲，那种跨带（气候带）跨大地域的引种，要慎重，否则要付出很大的调温代价，效果还不一定理想。

适度温差养兰主要包括如下内容。

①创造适度的昼夜温差，有利兰株体内生理活动的顺利进行。随着日出气温升高，日落气温下降，中午气温最高，拂晓温度最低的日温差变化，兰花的生长也呈现出昼夜节律。据观察，白天昼温较高，兰株叶片进行光合作用，以吸收储备能量，同化积累有机物为主，蒸腾与呼吸作用特别是光呼吸都比较旺盛，此时芽与叶片的生长比较缓慢甚至是停止的。而夜间气温较低，兰株停止光合作用，蒸腾作用较低，呼吸作用减弱不多，有利于能量释放，促进光合产物的运输转化与多种生命物质的合成，为新生细胞的生长提供更多的营养，芽与叶片的生长明显加速。这种兰株昼夜生长节律，在夏秋生长季节表现更明显。据笔者对几个莲瓣兰品种夏季叶片昼夜生长速度的观察测量表明：在长达41天的昼夜生长观察周期内，有85%~95%的夜间都存在生长，有22%~44%的昼间存在生长。

适度昼高夜低的温差变化，对兰株健壮成长、提高抗病能力是很必要的。因为兰株在白天，光合作用与呼吸作用同时进行，两者都随着气温的升高而加强，两者的作用既矛盾又相辅相成。前者制造积累有机物，后者分解消耗有机物。一般情况下，积累大于消耗，兰株才能生长发育。光合作用最适温度往往低于呼吸作用的最适温度。当昼温超过光合作用的最适温度时，其光合速率下降，而呼吸作用却极度旺盛，有机物的分解消耗加强，兰株体内不能积累更多的有机物，对兰花的生长发育十分不利。故昼温应控制在最适宜兰株光合作用的温度范围内。兰株在夜间，无光合产物积累，呼吸作用因夜温的下降而有所减弱，但毕竟是消耗分解体内碳水化合物的生理过程，因而应将呼吸作用维持在兰株生理所能忍受的水平下，以减少体内有机物的消耗，总体上增加物质积累，促进兰花健壮生长。降低呼吸作用的重要措施之一就是夜间适度的低温控制，形成合理的昼夜温差。

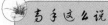

高手这么说

笔者认为，夏秋季昼温 22~26℃、夜温 16~18℃、昼夜温差 6~8℃，冬春季昼温 15~18℃、夜温 5~10℃、昼夜温差 8~10℃较为理想。

②四季适度温差节律变化是促进兰株正常发育开花的重要条件。生长在不同地区的兰花种类，均适应于其原生地气候条件节律性变化，形成与此相应的植物发育节律——物候。如墨兰（秋榜）、寒兰（夏寒兰）、建兰一般生长在低纬度、低海拔温暖地区，夏季较长、冬季较短气候条件下，春季出苗，夏季花芽分化，秋季开花，冬季休眠。大部分春兰、莲瓣兰、蕙兰生长在高海拔或冬季较长较冷的地区，春末夏初为发芽高峰期，夏末秋初为花芽分化期，冬季为花蕾孕育期，冬末春初为开花期。不同兰种的物候期与温度高低相关，每一物候期需要一定的温度量，才能从一个生长发育阶段过渡到下一个生长发育阶段，否则就不能完成兰花的一个生命周期。

例如，兰花处于花芽分化与发育期所需要的温度就大大低于苗芽生长期的温度量，两者温差可达 10~15℃。其花芽分化与发育期的温度要求依种而异。据华南师范大学潘瑞炽教授研究认为：墨兰 8~11 月进入花芽分化期，一般温度范围在 15~30℃ 都可完成花芽分化，而在花芽分化完成后的孕蕾期（花茎开始伸长），昼夜温度应在 20/15℃ 以下，才能在来年 1~2 月正常抽茎开花，否则花茎不伸长，花芽败育。建兰夏季昼夜温度在 30/25~25/20℃有利于花芽分化与发育，而低于 25/15℃花芽分化少，开花延迟。春兰花芽分化后期至孕蕾期，昼夜温度应低于 12/5℃以下，才能顺利抽茎开花。笔者观察，莲瓣兰品种大雪素，其花茎刚开始伸长的孕蕾期，昼夜温度略比春兰高一些，约 15/8℃，绿荷素 15/10℃左右、碧玉素 16/8℃左右就可开花。

③调节地温与气温的适度温差变化有利于兰株稳健生长。地温与气温组成兰花生长的环境温度，在人工栽培条件下，二者虽也随春夏秋冬四季而呈节律性变化，但在相对封闭或半封闭的兰棚兰室中的气温，以及由人工配制而装在盆罐中的基质土温（盆温），其变化规律与自然状态下的温度变化相比有着一定差别，从而对兰花生长带来某些影响。深入认识人工栽培条件下环境温度的变化规律及对兰花生长发育的影响，从而采取合理措施调控好气温与土温（盆温），是兰花栽培管理中的一项重要技术。

据笔者对昆明地区楼房阳台兰室温度的调查资料表明，兰室内一般年平均气温 19~20℃，比室外多年平均气温 14.7℃高 4~5℃；气温年较差（指一年中最高月平均气温与最低月平均气温之差）10~12℃，日较差（指一天中最高温度与最低温度之差）10~11℃，与室外相近。温度状况随阳台兰室的朝向有很大的变化，这跟四季接受太阳热辐射的角度不同有关（如南向兰室采光程度要优于北向兰室），故年气温要高出 1~2℃。

兰室年平均盆温与温室年平均气温相近，盆温年较差 9.1℃，略低于气温年较差。这与露地情况有很大的不同，露地土温一般高于气温。昆明地区多年平均地表温高于气温 2.7℃，10~15 厘米深处土温高于气温 2.4℃，地温年较差 2.6℃，大大低于气温年较差 7~8℃。这说明地温的变化幅度不大，与温寒带气候条件下的土壤温度剧烈的年变化相比，稳定得多。而兰室盆温的变化受兰室气温的影响较大，二者几乎同步同向变化，唯有不同的是，气温的日变化过程中，高温出现在 14~15 时，而盆温的高温要推后 2~3 小时，出现在 16~18 时，二者最低温出现时间均在日出前，其中气温日较差比盆温日较差要高 1.5℃左右。

　　兰室气温与盆温的上述变化特点是在人为所创造的封闭或半封闭的养兰环境条件下，改变了与太阳热辐射交流方式的结果。因为露地土温变化很大程度上取决于下垫面（地面）对太阳热辐射昼吸收与夜释放的平衡状况，并直接影响到近地表气温的变化。而楼房兰室气温变化是在离开下垫面发生的，其热量主要来源于两方面：一是室外空气的长波热辐射（由下垫面接受太阳热辐射升温后传递给近地面层空气的能量）。二是楼房建筑物受太阳照射后直接以热传导的方式增加兰室的热量。白昼吸热多、散热少，室温增高。日落以后，室气温下降。由于兰室与外界环境热量交流的昼夜收支变化，是非开放性的，故室温往往高于室外气温。兰室盆温的变化虽与太阳直接辐射有一定关系，但由于朝向问题，多数兰室处于单向采光或很少能采到直射光，故盆温的变化主要取决于兰室气温的变化。这跟露地土温的变化有很大的区别。

　　当然，因兰盆壁及盆面的覆盖物减少蒸发散热，基质有一定含水量增加了兰盆热容量等情况的存在，往往盆温的日较差低于室温日较差。陶盆的导热率较小，故盆温要比塑料兰盆的温度低2℃左右，日较差也少盆温1℃左右。

　　上述兰室气温与盆温变化特点对兰花生育的有利方面是：兰花全年大部分时间处于较适宜生长的温度范围内，兰根对土壤养分和水分的吸收都较活跃，只要其他环境条件适宜，生长速度都较快。不利的方面是：温室条件下，人们虽然让兰花避开了自然界冬季存在的低温危害，增大了夏季高温对兰花生长的负面影响。通常情况下，夏季晴日午后易出现28℃以上的气温和26℃以上的盆温，对一些兰种如莲瓣兰之类的生长很不利，特别是较高的盆温促进了根细胞的呼吸，增加了有机物的消耗，加快了根系的老化，反而降低根系的吸收功能。若夏季能保持较低的盆温，对根系发育是很有利的。例如夏季土陶盆的盆温一般低于室温，只要基质透气，水分适中，根系发育多好于塑料盆的兰根；而塑料盆的盆温往往高于室温，对根系生长带来不利影响。另外一方面，兰根生长需要相对稳定的土温环境，土温日较差远远低于气温日较差。因此对盆温的管理要采取一定措施。

高手这么说

盆温的管理方法：浇水要选择适当时间，夏季早晨、傍晚浇，冬春季中午、下午浇，以避免土温急剧变化。冬春季可将兰盆移到光能直射的地方，以增加盆温。夏季夜间多通风，降低盆温，增大日较差，以促进兰根生长。

（云南／陈定谋、陈浩）

# 兰花可否淋雨

兰花可否淋雨？兰著中说，兰花喜欢小雨细雨，但畏久雨大雨、连绵阴雨。于是人们采用各种方法为兰花避雨，普遍的做法是建造兰棚，在兰棚遮阳网的上或下加设固定式或活动式的塑膜避雨。固定式塑膜避雨法使兰花经年淋不到雨，活动式塑膜避雨法则是遇小雨细雨时将塑膜收起，遇大雨久雨时将塑膜展开。最近几年来，各地大型的兰场都建造温室。温室养兰是一种全封闭型恒温恒湿、兰花经年淋不到雨的培养法。它虽可提高繁殖率，但兰株娇生惯养，叶薄苗弱，抵抗力差，不适于移植他处培养；更为严重的是由于温室高湿高温较易引起茎腐病等的发生。而全无加温、不设避雨塑膜的传统式简易兰棚所养的兰花，则较少发生病害。

"水可载舟，亦可覆舟。"世间任何事物既有它有利的一面，也有它不利的一面，至关重要的是扬利避弊，变不利为有利，兰花经年淋雨也同理。兰花喜雨畏涝，需要雨露的滋润。兰花淋洁净的雨水，可以清洗兰叶上的灰尘，使兰花得到滋润，对兰花的生长极为有利。但是，如果植料的疏松透气、排水保润的性能欠佳，兰花淋大雨、久雨则因泥湿过度，兰花的肉质根极易朽腐，兰芽也易腐烂，且易引发炭疽病。野生兰花生长在深山幽谷、含腐殖质丰富的山坡林下，上有树叶遮阴，下有深厚之腐叶土护其根，遇雨能迅速排涝，遇旱能保湿，兰株虽经年淋雨，却能安然无恙。家养兰花可否经年淋雨？实践证明是可以的。

目前有相当一部分养兰人的兰棚仅只上盖遮阳网遮阴，不盖塑膜避雨，让兰花经年淋雨。龙岩市新罗区养兰专业户邱炳松先生就是采用此法养兰，他养的兰花生机盎然，还批量出口销往国外。笔者也多年采用让兰花经年淋雨之法养兰，兰花长势良好。

采用此法养兰，植料是关键。植料宜用几种各具不同优良性状的介质进行科学混配，使混合料的各种介质优势互补，即具有疏松透气、排气良好，又能保润的良好性能。笔者采用红砖粒 30%、粗河沙 20%、香菇土 30%、谷壳炭 20% 的配方。据观察，采用这种混合料在经年淋雨的条件下栽植兰花，遇大雨能排积，干湿适宜，效果不错。实践证明，模拟野生兰花的自然条件栽培家兰，家养兰花经年淋雨也无妨。这种让家养兰草回归到自然生长的状态中去，不失为是一种返璞归真、回归自然的"价廉物美"的积极之法。

### 高手这么说

环境污染严重的重工业地区，下的雨多是酸雨，为防止酸雨为害，兰花还是避雨为好。

兰花种类不同，生长习性各异，在经年不避雨栽植的条件下，其适生状况亦不尽相同。就适应性优劣而言，建兰、蕙兰、春兰、墨兰都能适应，其中建兰最优，墨兰欠佳，幼弱小苗、纯种寒兰最差。主要问题是烂根倒苗。幼弱小苗如采用常年不避雨之法莳养，必经炼苗，使其逐步适应。纯种寒兰还需特别注意光照的强弱、植料的疏松。兰花经年不避雨，兰盆宜用口径为 20 厘米左右的瓦盆，建兰可用口径稍大一些的，规模较大的兰棚可用口径适宜、经济实用的黑色塑膜盆栽植。　　（福建/张炳福）

# 芦荟在养兰中的妙用

芦荟是当今人们非常熟悉的观赏植物，又可拿来做药用或制成保健佳

品，供人们日常生活享用。

据文献报道，芦荟所含化学成分有几百种已知的和未知的物质，其中，已研究清楚的化学成分有100多种。已发现营养素（多糖和氨基酸）60~70种，有机酸、矿物质40多种和多种烷烃类、酶和多种维生素等。芦荟的黏液中有抗菌性很强的物质，对真菌、细菌、病毒均有抗菌杀菌作用，主要作用是抑制病原体的发育繁殖，并能消灭它们。芦荟的黏液中还具有抗衰老的作用。

养兰花的朋友，不妨养两盆芦荟，除了供日常药用之外，还可以将芦荟用于养兰，也是大有用处的。这里介绍几个用芦荟给兰花防病、治病的小药方，兰友们不妨试一试。

①给兰花换盆、分盆、移栽时，一时操作不慎，将兰根碰断、折断或者剪断时，即可将芦荟的黏液涂在兰根的伤口上。待黏液干燥后，即可将兰花上盆栽种，不必担心兰根的断口腐烂。这是因为芦荟的黏液有较强的杀菌和防腐作用。

②当发现兰花叶面上发生黑斑病（炭疽病）时，可用新鲜的芦荟黏液涂抹叶面病斑的两面，每天1次，3~5天即可。虽然不能消除病斑，但有效地控制了黑斑的蔓延，效果明显。

③兰花养得再好，难免有少数兰叶焦尖现象。为了兰叶的美观，人们通常将焦叶剪去。但是，剪口会继续焦枯，仍然不好看。如果将新鲜的剪口立即涂上芦荟黏液，以后就不会再出现焦尖、焦边了。

④将芦荟制成芦荟酒，每1000毫升水中加4~5毫升芦荟酒，充分混合后，用于喷洒兰花叶的两面，可有效地防治病虫害。无病时可30天1次，

**高手这么说**

芦荟酒的制作方法：将芦荟肥厚的叶片剪下，洗净泥土及灰尘，用刀削去两边的刺，然后横切成小条，浸泡在50度的白酒中，容器一定要密封，浸泡时间为30天。30天后酒的颜色已成为红褐色，如葡萄酒色，此时可滤去芦荟渣子，留下的即为芦荟酒。芦荟与酒的配比是1：1，即1千克芦荟用1千克白酒浸泡。

作为预防。有病时可每天 1 次，连喷 5 天，效果明显。也可以直接用芦荟酒涂在兰叶的黑斑病病灶上，十分有效。

⑤用新鲜的芦荟叶片 100 克，洗净泥土和灰尘，然后捣烂，浸泡在 500 克清水中。3 个小时后，过滤去渣，再加 500 克清水，将原液混合后，即时喷洒兰花叶的两面，可防兰花多种病虫害。采用此法宜现制现用，不可久存。

芦荟用于兰花，可供给兰株多种营养物质和多种矿物质元素，增强兰叶的光合作用，兰株体内营养积累充足，兰株生长健壮。笔者发现，使用了芦荟以后，从南方购来、移栽在北方的兰花，不单单成活率提高了，而且发芽率也提高了，兰株也健壮了。

在已知 500 多个芦荟品种中，绝大部分芦荟品种为园艺观赏品种。可供药用的只有几个品种，如好望角芦荟、库拉索芦荟、元江芦荟、树芦荟、皂质芦荟。其他芦荟品种不作为药用，当然也不用于养兰了。

（山西/金翁）

# 兰草长不大怎么办

兰草长不大的原因很多，如植料问题、病虫害问题、环境问题、管理问题等。但最常见的是根的问题。兰花的根出了问题，吸收水分和养分就受到阻碍，兰花在生长期遭遇营养不良，自然长不大。兰草长不大，往往加大施肥力度，欲速则不达，本来只有几条半截根，最后全烂光。

兰根有病是有症状的，如大面积焦尖、叶片失水失绿、萎靡不振，并有早衰现象，一个芽尚未成草又发新芽，甚至以芽发芽，似乎急于繁衍后代。出现上述情况，应当立即翻盆，更换植料，停止用肥。但兰根有病，养分枯竭，兰草奄奄一息，急需补充营养。解决这对矛盾最好的办法是，采用叶面施肥。笔者采用毛笔蘸取花宝溶液（稀释液，绝对不能太浓）涂抹叶片，每天 1 次。由于叶面施肥吸收有限，只喷施几次是满足不了的，

需要持续1~2个月时间，方能长出新根。新根有3条以上，便可恢复常规管理。

（浙江／老铁）

# 兰叶上石灰质、青苔消除法

叶片上残留石灰质及青苔，是一件非常惹人嫌的事。擦拭时常把叶片擦破或传染病毒。石灰质是一种碳酸钙，溶于水，干燥后附着于物体上，和盐相同。青苔属苔藓植物，喜欢潮湿及粗糙面。二者常同时出现。石灰质溶于酸，只要用弱酸性的醋酸或亚磷酸即可将它溶解。

有一个更好的方法，就是用糖醋液或木醋液。这二者皆属于醋酸类，既是肥料，也是病虫害抑制剂，浇水时掺入少许糖醋液或糖木醋液，一段时间后即可将石灰质及青苔消除。

（台湾／吴森源）

# 兰叶焦尖的预防

叶尾焦尖是兰花的常见症状，应针对其原因，采取相应的预防措施。

①水量不当。盆土过湿或梅雨季节盆内积水数天，引起根部浊湿易烂，造成老苗焦尖。

预防方法：适时适量浇水，梅雨季节遮雨并加强通风。

②浇水时间不当。夏季中午浇水，水温与盆土温差太大，导致根系正常生理活动受影响，减弱根系对水分的吸收能力，产生生理干旱，而使兰叶焦尖。

预防方法：夏季应在早晚水温与盆土温度相近时浇水。

③夏季高温，通气不畅，盆土温度过热，兰根受热引起焦尖。

预防方法：给周围环境喷水，增强通风，提高遮阳网遮光率，以降温。

④初夏与秋季，风大而干燥天气，水分蒸发量大，空气过于干燥，引起新苗焦尖。

预防方法：及时向叶面、盆面及周围空间喷水、喷雾，增加空气湿度。

⑤施肥不当。施肥过浓过重，使根系受伤，水分倒流，引起焦尖。

预防方法：坚持薄肥勤施原则。如发现此情况立即脱盆用清水洗根，待晾干后重新换土上盆。

⑥盆土中拌有新鲜木屑等未腐熟的有机物，翻盆浇水后，新鲜木屑等未腐熟有机物发酵腐熟过程中产生热量，灼烧兰根，造成焦尖。

预防方法：配制盆土时使用充分腐熟材料。

⑦翻盆时，枯烂根未修剪干净，植料不清洁，影响新根生长发育，造成新叶焦尖。

预防方法：彻底清除病根烂根，配制盆土时加适量多菌灵消毒。

⑧施肥不均衡。钾肥是兰花生长发育不可缺少的营养元素，通常分布在生长最旺盛的幼芽、嫩叶、根尖等处。植株严重缺钾时，植株变矮，叶片容易发生焦灼状。

预防方法：施肥时加入适量草木灰浸出液或磷酸二氢钾等。

兰叶一旦受损，不利于生长，所以在栽培过程中一定要加强管理，以防为主。

（裴宝林荐）

# 遏制焦尖小窍门

兰叶焦尖怎么办？一剪刀除去。可是，剪除的地方不久又焦黑，再剪再焦黑，看来剪也不是好办法。

笔者的小窍门是：在叶片焦黑后 5 毫米青叶处，将叶片对折，并用手指挤压，让叶片组织完全断裂。组织断裂，营养受阻，焦尖部分枯萎脱落，

不会再焦了。也可用票夹在焦尖下 5 毫米处呈三角形夹住叶片，用票夹折断叶片组织；待自然脱落后，不仔细看，还看不出破绽呢。

**刘教授提示**

如能配合施用杀菌剂，如苯醚甲环唑、咪鲜胺锰盐等，加以治本，效果更佳。

（浙江／老铁）

# 兰花叶片偏黄的原因及对策

## 一、兰花叶片偏黄的原因

如果兰花植株瘦弱，叶片偏黄、偏薄，手感粗糙，说明兰花植株生长不良。笔者认为，其主要原因有三。

### 1. 浇兰花的水质不合格

浇兰花的水，不管是偏碱性或过酸性都是不合格的。浇兰花的标准用水，pH 必须控制在 6.5 左右。这样的水才是合格的水，也是养好兰花最基本的要求，否则是根本无法养好兰花的。如果长期采用 pH 等于或者大于 7 的碱性水或 pH 低于 5.5 酸性水浇灌兰花和兑肥料，不仅仅是兰花叶片会偏黄，严重时甚至还可能造成整盆兰花死亡。这是为什么呢？

①如果长期采用碱性水浇兰花，或长期采用碱性水兑肥料（包括复合肥、全效肥或兰花专用肥等），随着时间的增长，植料就会逐渐碱性化，影响兰花对营养元素的吸收，兰花植株必然会引发多种缺素性病害，即生理性病害，如黄化病、花叶病和僵芽等。

②如果长期使用过酸的水，即 pH 低于 5.5 的酸性水浇灌兰花，植料必将被酸性化，严重影响根系对氮、镁等多种营养元素肥料的正常吸收，叶绿素无法合成，致使兰花叶片偏黄，甚至还可能引起根系中毒，严重时植株死亡。

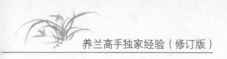
**2. 肥料选择错误**

施用于兰花的肥料中缺乏多种营养素或配方错误，如施用冒牌的兰花专用肥、复合肥和缓释肥等，可能导致兰花叶片偏黄，甚至兰花死亡。氮肥对保持叶色翠绿尤为重要，不可缺少。

**3. 光照不当**

有人说兰花喜欢半阴半阳的环境，因此主张阴养。其实，足够的光照强度才能保证兰花光合作用顺利进行。光照适当，光合作用好，叶绿素合成良好，叶片呈绿色；光照差，光合作用差，不管施用的肥料营养含量多么丰富，兰花生长不良；光照过强，兰花叶片必然出现不同程度的黄色。

**刘教授提示**

阴养的兰花，叶片偏绿，因此有人认为阴养兰花更有美感。其实，阴养兰花，光合作用不足，兰花"吃不饱"，生长不良，叶片虽绿，但缺少光泽，且不易开花。

## 二、避免兰花叶片偏黄的对策

①兰花的用水（包括灌盆和兑肥料的水）必须呈微酸性，pH 必须控制在 6.5 左右，pH 等于或大于 7 不行，低于 5.5 也不行。否则，是肯定养不好兰花的。

②最好采用营养全面、针对性强的全效肥或专用肥，必须注意防伪劣商品。不施肥是肯定养不好兰花的。

③必须要有适当的光照时间，夏季注意适当遮阴。

（四川/黄廷树）

# 让兰花开好花的窍门

要让自己的每一棵兰花都开品到位，是每一位爱兰之人梦寐以求的事，

但是，要真正做到这一点，也不是一件容易的事。特别是近几年的暖冬天气，使不少兰友的兰花都借春开放，开品多不到位，真的很难呈现兰花的神韵。

让兰花开品端正到位，非一朝一夕的事情。笔者认为，要让兰花开品好，必须具备以下条件。

①兰花植株要健壮，老芦头饱满。

②在兰花出花苞时，要留优去差，适当地疏蕾，并适当地施些淡肥。

③对于花秆较短的品种（如翠盖荷），在花苞出土以后，用深色的套筒套住花苞，在上面开一小口，适当增加湿度，利用植物的趋光性，在一定程度上可以让花秆拔高。

④对于瓣形花，在花苞开口时，就要控水，稍微干一点，可以使花瓣不拉长。

⑤对于奇花，如蝶花、牡丹花和飘门类的花，就要适当增加湿度，可以使花瓣舒展、反翘，展现出该类花应有的风采。

⑥对于素心和色花，要适当控制光照，使色质更透白。

由此可见，要使兰花开品好，除了兰株本身要健壮以外，最重要的是做好花苞出土后的光照、温湿度和水肥管理。　　　　　（浙江／下山新兰）

# 如何让兰花花色好

一直以来，人们在继承现有兰花花色鉴赏的基础上，开拓出了更多的花色，使得新品层出不穷。尤其是春兰、春剑、莲瓣兰、蕙兰等品种，花色更是变幻莫测，仅红色一类就有桃红、粉红、大红、深红、橙红、紫红、玫瑰红、胭脂红等，而黄色类又分淡黄、中黄、菜黄、金黄、深黄等，还不时有大放异彩的复色呈现。这些繁多的花色深受人们的青睐。笔者认为，要培育出漂亮的花色，主要应做好以下3个方面的工作。

①多采光，采好光。兰花的花色是由花色素决定的。花色素的形成依

靠日光中的紫光和紫外光。因此，充足的阳光能促进兰株花丽叶茂。这在名兰西蜀道光身上可得以充分印证。该兰原产四川盆地，在有限的采光条件下历来开淡黄色素花，而云南大理引种后，在高原充足的阳光下竟然开出了金黄色素花。这符合了兰花谚语"阳多花好，阴多叶好"的说法和"光照强则花色深而艳，光照弱则花色浅而淡"的花卉色泽变化规律。栽培时，可使用遮光率在58%~80%的遮阳网，春、秋两季各用一层，夏季炎热时用双层，冬季弃用。据说这样能取得很好的效果。

②沤好肥，施好肥。据了解，兰花花瓣对磷的需求量特别大。由于磷能提高花的品质，促进花瓣肥厚，使花色变得俏丽，故在花蕾孕育时期，加大磷的供给量无疑是开出好花的诀窍。也就是说，开好花的关键是用对肥料。

**高手这么说**

实践证明：用有机肥，既能促使兰花变得形体丰满，叶片宽厚、油绿，花蕾壮实，花朵色艳、色糯、富有肉质感，又能活化土壤，促进根系生长发达，减少病害，增强抗逆性。

如果采用磷钾含量丰富的化肥对叶面进行喷施，适时与有机肥配合，均衡使用，也可达到事半功倍的效果。在兰花孕蕾期，为促进花蕾发育，满足开花对磷钾含量的需求，可按照每月具体情况对叶面与叶背喷施稀释1000倍的磷酸二氢钾1~2次。另外，猪尿水含钾重，如能与自己沤制的有机肥液混合使用，效果不错。

③疏花育蕾，防寒保暖。如兰花花蕾萌发得多，让所有花蕾发育、开花，一来会消耗兰花大量养分，影响子芽的萌发，二来会分散兰花对花蕾养分的供给，势必造成兰花开花时花朵小、花葶矮、花朵色淡、肉质薄。因此，在兰花准备进房养护之前，应按照去弱留强的原则，将过多的花蕾摘除，每盆保留适当数量为好。进房后，房内气温应保持在0℃以上，确保花蕾安全越冬。如遇到气温降至0℃以下的情况，应设法及时加温保护，以防

冻伤花蕾甚至整盆兰花。

以上是提高花朵色泽质量的有效措施。但是，仅仅利用这些招数来育花是不够的，还应进一步加强兰花的各项管理工作。只有这样，才能培养出根壮株健的兰花，才能开出好花。 （四川／周世麟）

# 兰花花蕾的保护措施

笔者在几年莳养活动中，常发现兰株中冒出一箭鲜绿的花蕾，可过了一段时间便发现好好的花蕾突然枯死，有时即将开花的无法开出正常的花，这内心的感受是可想而知的。故认为很有必要保护好花蕾。

造成花蕾枯死或不能正常开花的因素是多方面的，但主要是浇水、施肥不当，或害虫病菌危害，或冻害（对需经冬天的花蕾而言）所致。

那么，如何避免上述情况的发生呢？主要应该注意以下几个方面。

①要讲究用水的质量，不用受到污染的水。天然的雨水较好，自来水不宜即取即用（因含有一定的氯气，应将其放置一两天），洗刷水（洗衣服的水、洗含油渍物的水）绝对不能用。

②浇水不能过勤，盆土过湿，定会伤及幼蕾，或导致烂根。

③花蕾初长时（长三四厘米前）绝对不宜施肥喷药，因此时花蕾幼嫩，抵抗力极弱，易受伤害。

④花蕾生长的整个阶段，不要施氮肥，应施或喷含磷钾的肥料。可常喷些磷酸二氢钾，浓度应在 1000 倍以上，过浓会产生肥害。

⑤要注意病虫害的防治，特别是虫害。若不注意，有的花茎会被虫啃掉，花蕾受到虫害侵蚀，就不能开出正常的花来。有一种叫蓟马的虫对花蕾的危害特别严重，一旦受害，花蕾即会变黑、枯死，对建兰危害特别大。这种虫一般不易察觉，因身子细长、色显微黑、会跳，应细心观察。为此，花蕾生长的过程中，要加强对虫害的预防，做到 10~15 天喷施 1 次杀虫杀

菌药物。另外，特别注意的是要讲究用药的浓度，应比所购药物标签指示浓度更稀些，否则，会产生药害，不但得不到预想效果，还会带来损害。对虫害的防治要注重"防"。

⑥对一些需经过冬季的花蕾，应适时做好防冻保暖工作。花蕾一旦受到冻害，枯死的可能性是很大的。

以上几方面注意了，才能把花蕾保护好，才能开出正常花来。

（福建/罗维生）

# 兰花催花技术

兰花花芽的萌发是需要一定条件的，而直接影响兰花花芽萌发的主要条件有 3 个：兰花的幼年性、低温反应和光周期反应。

兰花的幼年性是指兰花必须经过一定时间的营养生长阶段。兰花的幼年期是一个由营养生长到生殖生长的重要阶段，是一个无法跨越的阶段。在兰科植物中，兰花的幼年期平均为 2~3 年，长的可达 10 年以上。许多重要的商业杂交品种，其幼年期为 1~3 年。

已有的研究结果表明，有些兰花种类需要经历一定时间的低温才能开花。当气温降至 5℃时，休眠中的花芽开始苏醒，并萌发准备开花。持续的低温和一定的日夜温差是影响兰花花芽萌发的两个重要因素。如果低温时间短、日夜温差小，花芽也难以形成。曾有试验证明，在 23~30℃之间，兰花不易开花。这种情况需通过药物处理，或是通过促进糖分生成量的增加，来促使糖分的积累量增加，进而达到促花目的。

兰花的光周期反应为长日反应。通过加强日光照量，使兰花增加养分的生产；再通过温差，使大量的淀粉积累，可促使兰花开花。温度和光照强度的交互效应，使兰花低温反应更加复杂，并影响兰花植物激素的含量。因兰花体内植物激素的含量受光照强度的影响，同样种养条件下的兰花，光照越强，诱导花芽分化的能力越强，则开花朵数越多。

了解了影响兰花花芽分化的几个因素，我们就可以采用相应的措施给兰花促花。要尽量促进成年的壮苗快速生长，这样才易开花，这就要求管理养护要得当、环境要适宜、水肥供应要及时充分。具体的措施有以下几点。

①增加光照。光照是促进兰花花芽分化的重要因素之一。增加光照还可以使花色更加艳美。

②适当控水。水分供应太充分时，会使兰叶徒长，不利于花芽的萌发；在不影响兰株生长的情况下，适当控水，可促使其萌发新的生长点，或是产生遗传的信息，促使花芽的萌发。

③增加养分。花芽的分化需要养分的参与，尤其需要大量的磷钾肥，所以，在对兰花增加光照量、适当控水的同时，还应同时增加磷钾肥的供应量。这样才能促使花芽分化，多出芽，出壮芽。花芽出土后，则需要一定量的氮肥，这时如果氮素供给不足，将影响兰株的来年发芽。

值得说明的是，不同的兰种花期不同，其催花技术也有所不同。

一般在春节前后开花的兰种，花芽的萌发大都需要一个低温催花的过程，如春兰、蕙兰、春剑、莲瓣兰等。这些兰种在催花技术上，大致要求在秋季就要加强水肥管理，增加光照，并适当控水，使兰株积贮养分，并启动遗传信息，萌动花芽。在冬季的低温效应下，花芽在半休眠状态中苏醒，随着气温的回升而发育、开花。

夏季开花的建兰和秋末初冬开花的寒兰，在催花技术上，则又有不同之处。

建兰生长速度快，喜光照，对水肥的要求高。所以，给建兰催花通常采用增光、扣水、增加喷施磷钾肥等措施。

寒兰更喜阴，通常在8月就萌动花芽，年底开花。给寒兰催花，也应该增加光照，促使其产生遗传信息，萌动新芽，此时也应增加花芽发育所需的磷钾肥。给寒兰的催花技术和建兰催花相似，但寒兰对光照的需求比建兰低，光照不能过强，否则会灼伤叶片，这是要注意区别的。

（福建/杨大华）

# 兰根越多越好吗

我们知道，兰花的根对于兰花的重要性，那么是否在兰花的栽培过程中兰根越多，吸收的养分就越多，对兰花的生长就越好呢？可以肯定地说："不是这样的。"为什么呢？

首先，我们来认识植物的生存本能。

我们在自然界中，会见到几十苗，甚至百十苗连体的兰花，很是壮观，但家中所养的兰花，基本上很难见到那么多的苗数。其主要的原因就是在家里是用兰盆栽培的，兰根的伸长空间有限，当养的兰花长到一定的苗数时，兰花的发苗率会下降，或者发的兰苗会越发越弱。一般我们养兰，2苗时，基本能发2苗，但随着大苗苗数的增多，会发现6苗或者7苗发3苗比较多见。要是按照2苗发2苗的比例，6苗最少可以发6苗，或者9苗，甚至12苗，但是我们很少见到。

这是为什么呢？我们用的植料没有变，管理也没有变，归纳起来原因是很多的，但是这里我们只说兰根。假设一苗兰草有4条根，那么6苗兰草就是24条根；这么多的兰根捆在一起有多粗？我们不难想象在兰盆有限的空间里，当兰花的根部开始出现拥挤的时候，兰花生存的本能就会在这时表现出来。为了自身的成长和养分的摄取，兰花便开始少发苗甚至停止发苗，这是植物的本能。还有，就算是换了大盆，如果不对根部进行修剪，也不能彻底解决问题，因为20多条根拥挤在一起，那么肯定有一些根不能和植料全方位的完全接触，这样不仅根对养分的摄取会受到影响，还会造成空根。所以，不是兰根越多就对兰花生长越有利。

根据笔者每年换盆对兰根修剪时做的记录，个人认为，兰根的多少是要根据兰苗的多少而定的。笔者曾做过的栽培试验：春兰大富贵单苗独根，1年半的栽培时间，3苗成苗，1个半苗，2个芽；春兰簪蝶单苗2条根，

1年半的栽培时间，3苗成苗，两个半苗，2个芽；蕙兰老极品，5苗修剪成11条根，第二年春节前冬芽2个，春芽3个。还有一些包括苗少根多的记录，当然发苗不是很壮，发苗率也不高，在此就不一一列举。

总之，苗数在3苗以下的兰草，平均每苗适宜的根数为3.5条，4~6苗的兰草，平均每苗不要超过2.5条根，7苗以上的一般不要超过平均每苗2条根。这只是根与苗数字的对比，不是说1苗必须要有2.5条或者是3.5条。在实际修剪根部时，要根据兰花的实际情况和兰盆的大小来定，做到让兰花的根不拥挤，并尽量做到使每条根都能与植料全方位的接触，还有留下扎新根的空间。这么做目的只有一个，那就是促进新根萌发，让兰花能长得好、长得壮，发苗率高。

（河南/路人）

# 养根要诀

要养好兰花，首先要养好兰根。兰花的根好比人的肠胃，肠胃不好导致人的营养不良。兰花的根出了问题，吸收水分和养分就会受阻，兰花自然长不好。只有兰根长得好，兰花的发苗率才会高，兰苗才可能生长强壮，瓣形到位，花色俱佳。

首先，要养好兰根，要解决兰根的透气问题。现在兰友种植兰花所用植料，基本上可分为粗植料和细植料两种。不论用粗植料还是用细植料栽种兰花，都可以养好兰花，重要的是解决兰根的透气问题。我们所讲的细植料主要指山基土、腐殖土、红土、细沙等。用细植料种植兰花，其养分比较全面，较符合野生兰株的生长土壤；其缺点是水分难控制，水分过重容易烂根，通风透气问题也不好解决。粗植料，主要指的是枫树叶、栎树皮、植金石、砖粒、塘基石、火山石、仙土等。用粗植料种植兰花，通风透气好，水分比较容易控制，适合时间少、工作忙的人；美中不足的是养分差，需要配合花肥使用，才能获得良好的种植效果。

其次，要养好兰根，要合理使用花肥。花肥是兰花生长必不可少的要素，缺少肥料兰花是不可能生长好的。适当地施肥是确保兰根快速生长的有力措施。目前市场上可供兰花使用的花肥较多，如四川产华奕牌兰菌王、美国产的花宝、国产的磷酸二氢钾等，都是一些比较好的催根花肥。在使用花肥时，一定要按照生产厂家的使用说明书施用，每次施肥最好在晴天下午5时左右，相隔时间在7~10天为宜。总的原则是施肥浓度要低，要薄施、勤施。

**高手这么说**

需要特别注意的是：肥力不足不会对兰根造成致命伤害，也不会对兰根的生长发育造成太大的负面影响；但施肥浓度过高、过频、过量，对兰根危害较大，严重时可致兰根死亡。一旦兰花发生肥害，其生长难以恢复正常。

最后，要养好兰根，要做好防治病虫害工作，要坚持"预防为主，防重于治"的原则。一般来讲危害兰根的病害主要有根腐病、白绢病等，危害兰根的害虫或软体动物主要有蜗牛、根线虫等。根部病虫害防治起来比较困难，它对兰株的危害又特别大，在种植兰苗前要对兰苗和植料进行严格的灭菌、灭虫工作。

（云南/黄云伟）

# 兰花促进长根法

兰花不长根的原因有许多，例如植料过松，或植料太紧密，或线虫侵蚀，或患根腐病，或过干燥或过阴湿。解决方法：先将兰株倒出，用中性肥皂水洗净重新种植，置于光线较佳处，增加水分及钾肥。如此要它不长根也很难，只怕"根满为患"。

（台湾/吴森源）

# 四季管理方略

# 春天兰事

　　春天里，笔者养兰做的第一件事是清理兰园，修剪枯叶，布施缓释肥。轻轻地搬起兰架上的兰草，整齐地放在地板上，将清空的兰园环境进行一次彻底的清理与消毒，用消过毒的剪子细心地剪去已枯的老草和长病斑的叶片。小心地倒出盆面2厘米左右深的植料，将好康多缓释肥均匀地布施在盆面的四周，作为兰草半年期的基本肥。好康多是一种常用的兰草基肥，它采用树脂包裹的方法，通过水肥转换，将肥分缓缓地输送给兰草根部吸收。按说明书，口径13厘米兰盆（四寸盆）可布施2~4克的好康多。笔者采用的是下限（2克）布施缓释肥，留出一些余地在平时再根据兰草的生长情况适宜地追肥。

　　布施缓释肥后，小心地将盆面的植料均匀地填上，按每盆兰草的习性和壮弱情况，重新分布它们在生长期的新位置。这项劳动，整整花去了笔者两天的时间。

　　等全部的兰草做完上述功课后，使用一种叫翠贝的生物药，稀释2000倍，对兰草进行全面喷施，以消除兰草中潜伏的病菌。

　　春天的气候变化无常，素有"春天孩儿面"一说。春季是介于寒冬与盛夏之交，这时南方气候开始暖和，而北方还在寒冷之中，南北温差很大。此时，北方的冷空气和南方的暖流常常交汇冲突，产生强大的气旋，天气便转为阴雨，产生"清明时节雨纷纷"的景象。

　　进入春天以后，兰园中的兰草渐渐发生变化。变化最大的是破土的新芽多了起来，同时爷代以上的退草也多了起来，形成了枯叶伴嫩芽的景象。这种景象，是生命新陈代谢的结果，年年岁岁，周而复始。

　　在植料的浅层和深层处，兰草的根部也在悄悄地发生着变化。完整的兰根尖开始生长新一轮的水晶头，根断处有了水晶头再生的迹象，一些冬季

出土的强壮兰芽已有新根生发，同时老芦头的部分根系因老死而空根。

随着生命迹象的复苏，原本冬季20多天到30天1次的浇水频次已不适用于春季兰草对水分的要求了（笔者用盆为黑色塑料盆，配上细、中下粗颗粒植料）。冬季时，笔者采用的浇水原则是含水率70%以下才浇透水。春季，笔者将浇透水的含水率提高到80%左右。如遇盆内含水率大，但盆面已见干时，则采用盆面润水法，确保浅层芦头处保持湿润状态。

春季浇水要密切关注气候的变化，适时地调整浇水周期。遇天晴有风时，兰园的空气湿度降低，此时的浇水周期为五六天；而遇连绵阴雨天时，兰园的空气湿度很高，往往浇水周期可在10天以上。

春季兰草浇水的方法可采用喷淋浇，也可采用沿盆浇。浇水之法的不同，要根据兰草的生长情况或气候变化来定。喷淋浇水最好是无南风的晴天时的上午或中午，浇完水后需要开启风扇，加快兰草叶面水分的蒸腾；沿盆浇水往往是在阴雨天或南风天时采用的方法，或为了避免春季兰草因喷淋水而感染病菌。

春季浇水要确保植料湿润。只有湿润的状态才能萌生强壮的春芽和生发新根。每次浇透水时，最好能尽量多浇几遍，这样除了能够充分湿透植料外，另外一个好处就是可以冲刷植料内积存的浊气，让植料充盈新鲜空气。

**高手这么说**

春季浇水还要确保植料不涝积。春季涝积的植料往往会沤坏新芽和阻碍新根生发，有时还是产生茎腐病的温床呢。一般而言，浇透水后的12个小时左右，植料表面已无包裹水珠，才能说是不涝积。

有一点需引起兰友的注意，有时过多的仙土配合比，往往会产生长久不散的包裹水珠现象，这也许是人们常说的仙土多了易造成根部发黑或坏死的原因之一。

（浙江/遥远）

# 夏护苗·秋壮草

春末夏初的感觉是让人分不清季节。春的终了与夏的起始是一年中最难区分的时间，有时往往是春末气温高于夏初气温，就是到了6月上旬人们还是很难清楚地感觉到真正的夏季来到了。

江南入夏让人们感觉最深的是梅雨季的到来。刚过去的是一段春夏交融的晴朗时光，这时白天的气温大多在27℃左右、晚上的气温大多在17℃左右，也许是一年之中最爽快的时候了。从进入梅雨季的第一天开始，人们就会很敏锐地感受到季节的变幻。

夏天的养护要点是护苗。此时从兰株的老草处发出的新根大多已可开始吸收部分的营养了。如果不是前一年底或春初引入的草，就应该加施一些以复合肥为主的肥料了。施肥一般以根施为主，最好是晴朗天气的傍晚浇施薄肥，第二天早晨浇水冲肥。对于较弱小或根部有损的兰草，还是以施叶面肥为主。兰草的壮弱除了观察兰草的外表强弱外，还可以通过兰芽的早发和晚发来判别。施肥的周期按常理是10天左右1次，有些兰友是以更薄的肥三五天浇施1次，同样也收到了很好的效果。

夏天是兰草软腐病多发的季节，应以预防为主。预防除了施用必不可少的真菌、细菌防治药物以外，另外一个很重要的措施就是要改变一下浇水的方法。在平常的季节（春芽破土前）浇水可采取自由落水之法，让兰草充分感受雨露的爽快，且水流还可冲洗去兰叶上灰尘。兰芽出土后最怕的是浇水时将水灌入幼嫩的兰芽内，造成积水，让病菌乘虚而入而造成倒苗倒草。沿盆浇水，最简单实用的工具是准备几个喝过的1.5升可乐瓶子，在瓶盖上沿四周打上八九个小孔，浇水时倒过来，在不施加压力的情况下水是不会流出来的。用这种工具浇水很是得心应手。一般阳台上养上百十盆以内兰花的兰友都可以采用此法浇水，一般浇1次水的时间需要1~2个

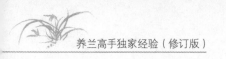

小时，时间是长了一些，但是很是保险的。

夏季最难过的是梅雨季节。兰友要做到每天早上到兰园去巡视，及时处理一些病变或可能发生病变的兰草。在这个季节还要十分重视兰园的通风，不要以为自己是阳台养兰，通风不成问题。一般而言，阳台通风不成问题，可是在这高湿的梅雨季，还是要以加强通风为第一要务，笔者采取小吊扇进行通风处理，让空气始终处在稍稍地流动之中。这样处理的好处是，可以防止一定时间内的无风状态。梅雨季潮湿加上低气压，很容易造成空气不流通时的兰叶排泄不爽，而让病害入侵。

**高手这么说**

梅雨季基本上是以阴雨天为主，放晴的时候不多。可是也难免会出现一到几天的大晴天，兰友们要特别注意这突变的气候，要加大遮阴的力度。

还有一点入梅后往往是介壳虫的旺发期，兰友要加强对介壳虫的早期防控。等兰草安全地度过了梅雨季，此时会发现兰园中的兰草已有了可喜的变化，接下来的盛夏只要注意降温、不施肥或少施肥、加大遮阴度等就可以等待秋天长成壮草了。

立秋过后，如果能下几场雷阵雨，酷热的气候就会有所减少，但是秋老虎的威风时常会要一要，这段时间大约会持续1个月。白露过后，随着北风不断加强，一般来说30℃以上的气温明显减少。此时的温度在25~30℃，日夜间的温差很小，夏与秋就这么交替了。

过了秋分，真正意义上的秋天到了。秋分前后，气温常在17~27℃，日夜温差开始拉大，天高云淡人爽快的季节到了。此时会发现兰园中的兰草正在发生很大的变化：梅雨季破土的小草基本上都已是大草了。

还在夏末，只要遇上气温稍有降低（日温30℃以下），人们就会抓住这不可多得的时机，赶紧为兰草施上一点极为淡薄的肥料，补充一下元气，好与"秋老虎"较劲。秋分后，正是兰草一年之中的第二个最佳生长期，

此时日夜温差常在 10℃ 以上，白天积蓄的营养有序地在晚上消耗一部分，大部分的营养贮存在兰草上，进了花蕾，壮了芦头。

秋天最大的特点是气候干燥，此时兰园中的空气相对湿度常在 30% 以下，对兰园中的兰草生长极为不利。如不加以改观，兰草的生长会受到制约，叶面会失去光泽。此时兰园中的遮阳网已大多撤了下来，阳光的强度比平时强了许多，更加重了环境干燥程度。

一年之中要算秋天的水最好浇了。春、夏季不敢当头浇水，现在可以尽兴大胆地当头浇水，清洗兰草上积存的灰和尘，让兰草叶背、叶面上的气孔尽情地呼吸。秋天，如不注意浇透水很容易从盆底起燥，危害底部兰根。

**高手这么说**

笔者浇水是采用两次法，即头水过后，稍等一段时间浇回头水。回头水的好处是可以改变头水的水路，让回水走一条新的水路，同时未吸足水的植料可再次补充，此时多余的水会慢慢地往下渗透，由表及里一点也不放过。

秋天壮草是首要的目标。只要兰草壮了，芦头也会跟着壮起来，这样就为明年春天早发芽、多发芽、发壮芽打下了良好的基础。秋天壮草可做好以下工作：一是提高环境湿度。笔者采用养鱼用的小水泵启动了兰架下的 PPC 管循环洒水系统，此时环境湿度可明显提高 20% 以上；二是将阳台兰园水平封闭 1/2，使潮湿空气弥漫在兰叶之间，同时增加早晚喷雾；三是及时施灌以磷酸二氢钾为主的淡肥，以壮蕾、壮芦头为主；四是进行环境消毒及兰草的消毒工作；五是增加采光系数，促进光合作用，以利兰花生长；六是及时疏理多余或不想留的花蕾。

秋分，也是引种、翻盆的好时机。引种时应以引进壮草为主体，认真做好种苗的防病消毒工作。此时翻盆也可进行，但笔者认为除非翻盆不可之外，大面积的翻盆还是在春分前后为好。原因是：秋天正是兰草生长旺

盛之际，此时新草正在长壮、长实、壮芦之际，如翻盆则要影响生长周期
20~30天。如果损失了这宝贵的二三十天时间，接下来的气温很快就要到
15℃以下了（指江浙地区），此时的兰草也该进入主休眠期了。另外，秋
天翻盆因植料与兰根较松散地结合，对防冻抗冻不利，也须引起兰友们的
注意。

（浙江／遥远）

# 兰花度夏有术

夏季，日光强，气温高，湿度大，是兰花生长的一个重要时期。同时，
也是病虫害大量繁殖的时期，对兰花的威胁很大。如果温度超过35℃以上，
兰花（除墨兰外）将处于休眠状态，会停止生长。因此，如何趋利避害，
给兰花创造一个良好的度夏环境，对兰花全年的生长、发育、孕蕾、开花
影响极大。

## 一、遮阴防晒

兰花需要阳光，进行光合作用，制造营养，维持生命；如果没有光
照，兰花很难正常发育生长。但也不是光照越强越好，夏季的烈日反而对
兰花生长不利。笔者在前年曾经有几盆兰花忘了遮阴，遭烈日曝晒，灼伤
了兰叶，晒出许多褐斑；后来发觉了，及时采取措施，总算保住生命，但
生长受到严重影响，褐斑永远无法消失。因此，在夏季高温季节，一定要
给兰花遮阴防晒。遮阴的方法多种多样，可以在阳光照射的方向，种上藤
本植物或遮阴树木，遮去大部分直射阳光。也可以挂上竹帘或遮阳网，遮
去70%~80%的光照。遮阳网最好用两层，上午光弱时遮一层，中午光强
时遮双层。

## 二、注意浇水

养兰的成败，很重要的作业是浇水。兰界前辈说"浇水三年功"是很

有道理的。特别是在夏天，烈日曝晒，高温干燥，浇水尤其显得重要。怎样做到适时浇水？要根据实际情况而定：一看天气变化。晴天气候干燥，每天浇 1 次，"三伏"高温，每天早晚各 1 次。梅雨季节，气候潮湿，温度不高，可适当少浇。二看盆土干湿。盆土表层已干，下层尚潮湿就可以浇水，不要等到盆底也干了再浇，那就会影响兰花生长。怎样来鉴别盆土的干燥程度？可以目测，颜色变浅发白，表示干燥；颜色发黑，表示潮湿。也可以耳听，用手指敲兰盆，声音清脆，说明盆土已干；声音低沉，说明盆土潮湿。还可以称重量，盆土干燥的兰盆轻，盆土潮湿的兰盆相对较重。三看兰盆。瓦盆透气性好，盆土易干，水要勤浇；紫砂盆透气性差一些，保水性较好，水要适当少浇；瓷盆、塑料盆透气性更差，保水性更好，浇水更要减少。四看植料。颗粒硬植料如仙土、碎砖粒、植金石等，通气性好，保湿性差，浇水要勤；用塘泥、腐殖土种兰，通气性较差，保湿性较好，浇水就要适当减少。

## 三、调控湿度

兰花生长在云雾缭绕的山林中，享受雨露的滋润，环境保持足够的湿度。家庭养兰缺少这样的自然条件，尤其是"三伏"天气，高温干燥，直接影响兰花的发育生长，必须创造一个优越的生态环境。除了给兰花及时浇水外，还要尽量保持兰室空气的湿度。笔者在兰室安置自动喷雾器，夏季高温时，定时喷雾，既提高空气湿度（相对湿度达 80% 以上），又起到降温的作用，一般可以降低 2~4℃。在气温超过 40℃ 的时候，笔者的兰室一直保持在 36℃ 以下。同时，笔者在兰室内还安装了电风扇，达到通风降温的目的。在梅雨季节闷热潮湿的情况下，也可起到通风降湿的作用。

## 四、巧施薄肥

夏季需要给兰花补充足够的营养，否则，就会影响兰花的营养生长和生殖生长。但兰花对肥料的需求也不是越多越好，浓肥重施不但不能使兰花很好地吸收，反而会造成肥害，轻则影响生长，重则导致死亡。必须掌握薄肥勤施的原则，每隔 7~10 天施肥 1 次。夏季是兰花生根、发芽、长

叶的时节，营养元素氮、磷、钾要科学搭配，适当增加磷钾的分量，促进根系发达、新芽健壮，增强抗逆力。

**五、防治病虫**

夏季高温高湿，正是病虫害大量繁殖的时机，兰花一旦患病，较难治愈。发病最多的是茎腐病或软腐病。兰花染上这两种病，叶片由绿色变成褐色，假鳞茎变软腐烂，如不及时采取措施，很快蔓延整盆兰苗，导致全军覆没。发现这两种病后要立即翻盆，将病株及将要感染的兰株剪除销毁。留下的好苗经过高锰酸钾溶液消毒，用新植料重新栽种，才有成活可能，保住种苗。

对待兰花的病虫害，最积极的态度是预防为主，防重于治。

一是增强兰株的抗逆力。兰室要保持清洁卫生，注意通风，调控湿度，使兰株健康生长，增强抗病能力。

二是把好进口关。引进兰花新品种时容易带来病菌、病毒，要严格进行消毒。将兰苗冲洗干净，在甲基硫菌灵、百菌清等溶液中泡浸消毒，晾干后种植。

三是定期喷施农药，预防病虫害发生。喷施什么农药，要针对已经发生和可能发生的病虫害，有针对性地施用药物。可以用几种药物交替施用，一般半个月到 1 个月 1 次，就能预防病虫害的发生，收到事半功倍的效果。

（浙江 / 寿济成）

# 夏季：兰花怕热不怕光

有的兰友说兰花是半阴性植物，并不需要多少阳光，因此要遮阴。其实这种说法只说到问题的一个方面。遮阴的另一作用是为了降低养兰场所的温度。

兰花并不怕一般的光照，但怕高温而喜凉爽，这点与人差不多。如冬天人晒太阳感觉很舒服时，兰花也可以任其晒太阳；若人在阳光下微微出汗，此时兰花该略微遮阴。遮阴是为使兰棚下既明亮，又十分清凉，人在棚下觉得凉爽，这种遮阴最佳。夏季遮阴的目的是为了降温。有的兰友把兰棚遮得暗暗的，这样兰花开花就少了。

兰花需要光照，光照是兰花花芽分化生长的必要条件。在山林中光照充足的地方兰花开花多，在阴的地方兰花开花少。光照时间长，光合作用所制造的养分多，在合理的温差下养分积累多，兰苗生长发育良好，花芽长得也多。兰花的花芽多数在长日照的6月中旬至9月中旬形成。光照不足，兰株虽然生长茂盛，因制造的养分不够，所以不能开花；或能开花但花色不鲜艳，或花形不美。

高温对花芽形成并无促进作用，因气温高，兰花的呼吸作用加快，养分消耗多。在日夜温差很小的高温情况下，春兰花芽根本无法分化。总的累计日照时间与兰株的花芽形成的关系密切。而充足光照，理想的温差是花芽发育必需的条件。在一般情况下遮阴必须根据当地的气温来决定，甚至要按照当月的气温来调整。光强，叶色黄；光弱，叶色深绿。

兰花多数生长在亚热带或温带的针叶和阔叶的混交山林中，喜欢折射的散光。人们在栽种兰花时一般在春去夏来之时开始遮阴，直至深秋以后方结束遮阴，在夏季遮光率40%~50%。晚秋、冬季和春季宜充分接受光照。炎热的夏季可以架设双层遮阴网，但要拉开距离适当架设，这样兰花叶面上接收的是星星点点散射光。当然，兰花喜欢的光照还与温度有关，确切地说，兰花喜欢凉爽环境下的光照。

（浙江/郑普法）

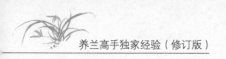

# 夏季高温期兰花管理

### 一、夏季高温对兰花生长的影响

气象上划分四季，以候（5天）平均气温为依据，即：候平均气温小于10℃为冬季；候平均气温大于22℃为夏季；候平均气温在10~22℃间则为春季和秋季。这种依气温为据划分的四季比较符合天气和作物生长的实际。因而各地区和各年份的四季是有差异和变化的。查浙江温岭气象局历年所积累的数据，进入夏季初日在5月25~27日，终日在9月底，夏季时间长达4个多月，已包括习惯的初秋（秋老虎），说明按气温划分的四季是不均衡的。

据有关文献介绍：兰花的适生温度在18~28℃（地生兰）或20~30℃（气生兰）。因此，超过适生温度30℃，对兰花来说就是高温期了。据实际观察，本地在7~8月份气温在35~36℃的时日还不少，绝对高温室外达42℃也有。这对兰花生长显然是不利的，也是养兰人感到麻烦的日子。

夏季（含习惯的初秋），从5月下旬到9月底占全年的1/3强，占整个兰花生长季节的一半多，除具明显的时间优势外，且有光照充足、热量充沛、雨水富余等优势。笔者观察到，在30~35℃高温条件时，只要水、气、肥调控得当，兰花还是能够生长的。所以，养好夏季高温期的兰花对全年兰花生长有举足轻重的作用。同时，亦应注意到夏日温度过高、迫使其休眠，日照过强、容易灼伤，空气闷干等弊端。只有通过人为地调控和努力，兴利除弊，才有可能确保兰花顺利生长。

### 二、夏季高温季节兰花的生长情况

如上所述，夏季时间长达4个多月，占兰年生长时间（≥10℃的活跃生长期231~247天）的一半以上。而且是全年中温、光、水、热最为充足的时期。因此，充分利用这个时间段养好兰花，对提高发苗率（增殖率）、成苗率和开花欣赏都有着至关重要的意义。从实际观察得知：6~7月份为连续发芽长苗的时期，尤其是蕙兰，这时出土的芽绝大多数当年能长成壮株；春兰、建兰、墨兰等兰种，还有当年壮株盈蕾开花的。再说，这一时期温、光、水、肥充足，兰花生长的速度较快，实测结果：7月25日至8月4日10天中，蕙兰新芽长高3厘米，可见新株当年可望长成。另外，建兰类从6月初开始放花，可以不畏高温连续不断地开花，如大叶白基本上1个多月开一期花；春兰、蕙兰则多数在7~8月份花芽分化，并相继出土。可见养好夏季兰花，不仅关系到当年的效益（增殖），还关系到来年的欣赏，其意义就不言而喻了。

### 三、夏季高温期兰花管理措施

7~8月夏季高温期间，影响兰花生长的不利因素有高温、强光、闷热、台风等。35℃以上的高温使光合作用超饱和点而减缓或停止，即通常说的强迫休眠。1.5万勒以上的强光，兰叶不仅利用不了，还会因紫红外线的杀伤致使部分细胞坏死，造成日灼。雷雨天和台风前夕的闷热天气，造成呼吸不畅而易感染得病。强风干燥致蒸发量倍增而造成水分失衡。台风的破坏性极强，狂风暴雨可能导致淹没、倒塌，甚至更为悲惨。

对上述不利因素，有的可通过人为的调整措施，有的则须事先防范，应分别对待。

①高温（30~35℃）：如果通风条件好的话，兰株尚可生长。35℃以上高温则必须控制之，办法有二：一是开空调辅以补湿，这是省力有效的"洋办法"；另一法子是喷淋水，因水能吸热降温，喷水后棚温即可下降5~6℃，但应注意，在强光下不要直接喷水于叶面。可以自中午11时至下午15时，多次向棚顶、四周和架底地面等处喷淋水，其效果非常理想，只是辛苦一些。

②强光：遮光主要采用盖遮阳网的办法，入夏即应盖一层遮光率为70%的遮阳网；大暑至处暑期间再在棚顶上或花架上，距花或网30厘米

盖一层遮阳网，但阴天可不盖，所以这层网最好是活动的。白露后逐步减少遮阴，让兰花适当见阳炼苗，以利于越冬。

③闷热：雷闷天和台风来临前几天应加强通风力度，如打开窗门，增开电风扇、排风扇等。雷雨后应淋水，以水逼气，把浊气排出；台风天后要喷药防病，结合去污杀菌。

④台风：这是一种灾害性天气，沿海地区每年都有几次，对此要有足够的思想重视。防台的办法，对于名贵的珍稀品兰花，最好在台风来临前1~2天把它们搬到室内"避难"，这样做最为安全可靠。（浙江 / 张日进）

# 立冬兰事要领

立冬后，全国大部分地区开始进入漫长的冬季。如何将冬天的兰事料理好？这是需要认真对待的问题，做好就会起到事半功倍的效果，切不可大意。

①兰花进房。本来兰花进房在寒露、霜降时就可开始，因地球热效应的影响，气候普遍变暖，所以兰花缓到立冬进房不为过迟。具体还要根据兰花的种类而定：墨兰宜早进房；建兰、寒兰、莲瓣兰、春剑次之。根据多年的经验，大寒流一光临，就预示着春兰、蕙兰必须进房了。当然如果蕙兰长得很劲挺，那就不妨炼炼初冬也无妨。

②谨防冬雨。冬季的雨水对于兰盆中的兰花犹如冷箭，还是适时避开为好。尤其是带花蕾的兰花，久淋必伤，定会影响来年开花的品位。如逢降温期的雨雪危害更大。一株小草怎能抵挡风霜雪雨！对于传统品种更要注意防淋雨。

③排放有序。兰花进房时要很好地安排一下摆放位置。带有花蕾的品种（素心品种例外）应放在朝阳的方位，以便多得到些光照，促进花蕾发育，开出艳丽丰满的花朵。根据用水的情况，将需要水分多些的阔叶兰放在方

便管理处，以利浇水。

④科学管理。首先，门窗要开闭有度。白天气温较高，就要打开门窗，有利通气；晚上温度低于5℃就要关严门窗，以利保暖。其次，一般情况下不要使用肥药。气温在15℃以下，无需施肥用药，有害无益。最后，适度减少浇水，要掌握"不干不浇、浇则浇透"的原则。

冬日兰花，就像初长的小孩一样：耐得三分冻，方能成大器。千万不要太娇惯，那样会适得其反；也不要放任不管，那样就会造成不必要的伤害，不是冻死，即是枯蕾。壮美的兰蕙是在"管"与"不管"中成长起来的！

（江苏/严雄飞）

# 兰花冬季加温有好处

常听兰友说，冬季兰花休眠期，不宜加温。其实兰花冬季并不完全休眠，即使在气温较低时，兰花生殖生长缓慢，冬季的兰花花苞还在长大，兰苗生长也没有完全停止，只是不容易被人们觉察而已。笔者这几年的实践证明兰花冬季可以加温的。这样做对兰花至少有点好处。因冬季加温可以防止冻害，又可促使兰花生长，但加温一定要把握适度，否则会事与愿违。在加温期间，要开微风扇循环回风，不要让兰苗受闷。冬季给兰花加温的主要目的不在于防冻，主要是延长兰株营养生长期。

加温是从初冬开始。如天气晴好，兰房中的温度18℃以上不用加温；仅在阴雨或风霜的天气，兰房温度慢慢地下降时加光照和加温，使兰房内温度保持在18℃以上，但在夜间保持8℃即可。昼夜温差大，有利其生长。春节过后要有充分的光、温、水，使兰苗提前进入生长期，还要加施叶面肥和杀菌。

这几年冬天的加温试验证明，新芽比原来提早萌发40天左右出土。过一季度兰花就可成苗了，在5月份第二次新芽又出土，因而取得一年长

两三次的新苗效果。但是冬季加温仅在寒冷阴雨天气，切不可不间断地加温，以致无日夜的温差。

此外，还要注意温度也不宜加太高，超过其生长的温度则有害无益。另外，如有送兰展带花苞的品种要拿到温房外让其在正常时间开花。

（浙江／郑普法）

# 雪后大冻天气应对措施

2008 年初，一场 50 年不遇的暴风雪突然席卷我国 14 省市，这次持续 20 天的低温、雨雪、冰冻天气，使兰花遭受冰灾寒害，导致重大损失。认真分析冻害的成因，采取有针对性的措施，成为预防兰花寒害的重要课题。

## 一、兰花冻害的成因分析

据有关植物学理论，包括兰花在内的大多数绿色植物在 0℃ 以下低温的情况下，细胞间隙将结冰晶，冰晶部位细胞原生质膜发生破裂，原生质的蛋白质变性，使细胞受到伤害。兰花受害的程度与降温的速度、温度回升的速度和冻害持续时间有关。降温速度和温度回升速度慢、低温持续的时间较短，兰花受害就较轻；反之，兰花受害就较重。冻害对兰花的影响主要有：

一是原生质失水。当温度降至冰点以下时，细胞间隙将形成冰晶，从而使原生质和液胞中的水被冰吸出，原生质失水而受害。温度愈低，原生质中转变为冰的水愈多，原生质干燥凝固的可能性愈大。因此，当温度的降低超过了兰花所忍耐的干燥限度时，兰花冻害就发生了。

二是细胞水分流失。在植物体内结冰而并未受到伤害的情况下，冰融化速度的快慢将成为决定受害的一个重要因素。冰融化得慢，植物来得及把细胞间隙中的冰（融化后的水）吸回到细胞中来；如果融化的速度过快，细胞间隙中的水大部分来不及吸回到细胞中去，就要流失到体外去。花盆

在结冰后，受到阳光照射而温度上升过快，将使冰很快就融化，最终将导致兰花失水而亡。

三是蛋白质沉淀。兰花在受到冰冻灾害时几乎有 1/3 的蛋白质沉淀。自然状态下大约春兰可忍受 –5℃，蕙兰可忍受 –10℃ 的低温。随着温度进一步降低，蛋白质将全部发生沉淀。据国香居兰友介绍，其在六楼朝南花架上所做的试验表明，在雪后大冻的时候兰花将受到伤害，最为明显的是花苞，表现为到开春后某些部位会呈褐色状，然后会造成部分死亡。其中建兰受冻最为明显，春兰在室外 –8~–5℃ 有冻害发生，–8℃ 以下就有极度冻害发生。此外，融冰时将加剧寒害的发生。因为冰融化时需要大量的热量，空气中的热量是有限的，这样会导致空气中的温度很低。俗话说"下雪不冷化雪冷"，就是这个道理。

## 二、兰花冻害的应对措施

兰花防冻，主要指防止霜雪、冰冻对兰花产生的危害。在霜雪冰冻灾害天气来临时，防范兰花遭受寒害，关键在于防冻保温。主要措施有：

一是入室越冬。野生兰花受地温的作用，厚厚的腐叶保护着兰根不受地表的冰冻侵害，因而兰花的损害较小，可以年复一年繁衍不息。但离开原生地的盆栽兰花，缺乏地温的保护，对寒害的耐受力大幅降低。寒冷的冬季要更加关注气温的变化，特别要关注天气预报，养成参考气象信息养兰的习惯。根据前面对寒害的成因分析，盆栽兰花的耐寒力的临界点是冰点 0℃。因此，如遇严寒，气温降至 0℃ "警戒线"，就应该及时将兰花搬入室越冬，或者安排在檐下和棚内养护，庭院养兰也可搭设简易兰室，以防霜雪冰冻的侵害。开放式阳台应利用遮阳网防止霜雪飘入兰盆。入室前可用甲基硫菌灵、多菌灵或硫酸链霉素等杀菌剂 1000 倍液对兰室和兰花杀菌消毒。入室兰花在管理上以清养为主。此时兰花正处休眠状态，但生殖生长仍在缓慢进行，要保持兰室的空气清新和流通。浇水应选在晴天的中午时分，稍润就行。但切忌盆土过干，否则，一旦遇上寒流，燥冻比湿冻的伤害要严重得多。

二是保暖防寒。严寒气候养兰防护的关键在于保护兰根不受冻。若盆数少，可以借鉴传统做法，用棉絮、稻草等保暖物裹护兰盆，以防盆内结冰而冻坏兰根。盆面可铺设水苔保暖。也可加厚表土，在盆面加盖一层腐殖土，增强盆土的保温抗寒能力，防止冷空气进入盆内冻损兰根。

三是升温御寒。在严寒来临时，温室养兰一般有空调调节和控制温度，但要注意加湿和通风。简易兰室可用取暖器、电热棒、盆炭火等加温。有的兰友在兰室的适当位置放置装满热水的暖瓶，打开瓶盖，为兰室供热升温，也是御寒的简便方法。

四是妥善施救。若一时不慎，兰盆遭受霜雪或冰冻侵害，一定要冷静应对，不要随意处置。若兰盆结冰，应将兰花搬入室内，将盆面部分植料替换，放到暖和的地方，隔一两日晒晒太阳，可缓解冰伤的危害。

（江西/绵江逸士）

# 看气温，定措施

## 一、关于阳台调温

现代人养兰用封闭式阳台的不少，冬天阳台温度比室外高，夏天阳台温度比室外低,对兰花很有利。尽管如此,兰花休眠现象仍不可避免。浙江自12月至次年3月,平均温度在12℃以下,7~8月是全年最热的月份,极端高温可达40℃以上。两者加起来有半年时间的温度对兰花生长不利。封闭式阳台在如此大气候环境里,自然好不了多少。因此,调节封闭式阳台温度是十分必要的。

据笔者观察,兰花在12~20℃处于萌动期,芽和根开始生长;20~28℃处于生长期,缓慢而健壮;28~32℃处于旺盛期,拔高速度惊人,一天一个样;32~35℃处于滞生期,停滞不前;35℃以上处于休眠期。掌握兰花生长习性,调好封闭式阳台温度,有利于提高兰花增殖率是毫无疑问的。

冬天采用暖橱提温,成本低,简单有效。暖橱分三层,上面两层高65厘米、宽50厘米、长70厘米,每层可放中号兰盆12盆。下面一层高30厘米,安装电灯。三层之间用木条隔开,花盆搁在木条上,让冷暖空气自由对流。橱的一面是门,余三面用透明塑料薄膜封死不透气,橱顶用透明塑料薄膜不封死。暖橱放在向阳一侧,接受阳光照射。12月上旬兰花进橱,温度掌握在12~20℃之间。第二年4月中旬,新芽已长高3~5厘米,即可出橱莳养。

注意事项:

①兰花用颗粒植料栽培。

②兰盆底下放托盘,预防水下滴。

③温度不宜过高,并防止温度散布不匀。

④两天浇1次透水(注意水温)。

⑤每周喷施甲基硫菌灵(或花康2号)和花宝5号各1次。

7月上旬天气转为晴热,朝南封闭式阳台温度较高,安装太阳篷阻挡辐射热可降温1~2℃。经常向四周喷水,电扇吹散水汽可降温2~3℃。有凉爽客厅或空房,让兰花避暑,加电扇通风降温,保持室温35℃左右是不成问题的。安装空调(控制在28℃)供人兰共享,一举两得。各家条件不同,措施有异,八仙过海,各显神通,创造符合兰花生长习性的小天地,定有厚报。

## 二、高温与兰花的关系

有人一直认为，兰花在30℃以上停止生长。据笔者观察不是这样。

7月是浙江全年最热的月份，内陆地区的极端高温可达40℃以上。笔者在7月以封闭式阳台的墨兰为对照组，对新芽生长情况进行观察记录，结果为：7月上旬室内最低温度29℃，最高温度32℃，空气相对湿度80%以上，对照组新芽平均日长4毫米；7月中旬室内最低温度30℃，最高温度32℃，空气相对湿度80%以上，对照组新芽平均日长3毫米；7月19日出现高温，室内最低温度32℃，最高温度36℃，空气相对湿度60%，对照组新芽有10%停止生长；7月20日以后，室内温度一直持续在最低温度32℃，最高温度36℃，空气相对湿度40%~60%，但对照组新芽停止生长的比例却不断上升；7月25日是持续高温的第七天，虽然温度、湿度不变，对照组新芽全部停止生长。

观察中发现如下问题。

①墨兰新芽在35℃以上开始停止生长。

②高温时温差大小与新芽的生长速度成反比，即温差越大影响越小，温差越小影响越大。7月上旬与中旬的室内最高温度均为32℃，但最低温度上旬29℃，中旬30℃，由于上旬的温差大于中旬的温差，故上旬的平均日长高于中旬的平均日长。

③高温的持续长短与新芽的生长速度成正比，即高温持续时间越长影响越大，持续时间越短影响越小。7月19~25日室内最低温度32℃，最高温度36℃，空气相对湿度40%~60%，从客观条件上来看没有什么区别，但对照组新芽停止生长的比率为10%、30%、50%、80%，最后全部停止生长，可见高温持续时间与停止生长的新芽所占比率存在着因果关系。

④新芽在高温期间停止生长并非一成不变，多数时停时长，停停长长，只有少数弱小新芽处于类休眠状态。

（浙江/老铁）

# 促芽护芽绝招

# 兰花促芽有术

要使兰花多发芽，从根本上来说，就是要顺应兰花的生长习性，尽量为它创造最佳的生长条件，同时适当地使用肥料和少量植物生长调节剂，适时地分盆换土，只有这样，才能使兰花芽多苗壮，生机盎然。

兰花的生长环境条件主要有阳光、温度、水分（湿度）、通风、施肥五大因素，要让兰花发好芽也必须围绕这五点来做工作。

## 一、阳光

光照充足是兰花发芽的首要条件，缺少光照的兰花不仅发芽迟缓，而且新芽瘦小纤弱，易得病害。

创造光照条件的办法，一是兰圃的遮阴必须适度，二是可对兰花进行适当阶段性地增强光照，俗称"晒盆"。可在春节过后，气温渐暖之时就开始让其多接受日光，3月底前，气温在20℃以下的可让兰花接受全日照；之后，春兰在气温20℃以上盖一层遮阳网，30℃以上盖两层遮阳网。蕙兰在5月底前皆可接受全日照，气温达30℃以上盖一层遮阳网，35℃以上盖两层遮阳网。全年根据季节与气温及时调节遮阴程度，让兰花最大限度地接受光照，蓄足元气。

## 二、温度

兰花生长最适宜的气温是20~25℃，8℃以下、30℃以上生长缓慢。因此我们要想让兰花多发芽并生长健旺，就要想法避开或缩短不利于兰苗生长温度的时间，有条件的可建设玻璃温室，用空调或水帘来调节室温，创造可让兰花避暑与避寒的小环境。没有条件的也可采取以塑膜大棚保温，以兰场地面灌水或洒水、场内装风扇降温等办法来调节温度。

如果能保持适宜的温度，兰花当年的新芽四季都会正常生长，当年

的新苗还能再发秋芽，并于当年长成大苗。这就使兰花的发苗率提高近1倍。

## 三、水分（湿度）

兰花假鳞茎可储存水分，是比较耐干旱的植物，但是水分对其生长同样非常重要。古人有兰花"喜雨而畏潦，喜润而畏湿"之说。在兰花的发芽期更需要及时供应充足而不过度的水分，以利新芽生长。俗话说："干干湿湿，浇则浇透。"精辟地概括了兰花的浇水真谛。但不少初养兰者往往过分地理解了这个"干"字，非等盆土干得发白发硬才去浇水，这对兰芽的萌发是有害无益的。笔者以为，"干"要掌握适度，最好把握在盆土微潮、上干下润、尚未干透就及时浇水为宜，同时应适当增加兰圃空气中的水分。在兰花生长期，空气相对湿度最好保持在60%~75%，可通过喷水洒水来增加小环境的相对湿度，如能配置自动电控的增湿机则效果更佳。

兰花浇水的原则是：生长期多浇，休眠期少浇；叶片薄的多浇，叶片厚的少浇；长势旺的多浇，长势弱的少浇。总的还是应千万注意，发芽期必须保持盆土滋润，避免兰盆过干。

## 四、通风

新鲜空气对兰花的健康生长非常重要，不仅兰室应注意空气流通，而且盆土也要注意保持较好的透气性，最好用仙土、碎砖、风化岩等配制成颗粒状的兰土栽培，这样有利于兰花发芽。

## 五、施肥

兰花在深秋须施足基肥，早春应适施追肥。在萌芽前，再适量用好催芽激素，就能促使兰花发芽率更高。常用的药剂有催芽素、喜多兰、收尚好、花宝、兰菌王等，按说明书使用即可。许多兰友反映上半年用植全稀释喷叶，下半年用植祥颗粒埋放表土，顺随浇水追肥，既能使兰芽多发，又能使兰苗苗壮，不妨一试。

（浙江/凌华）

# 兰花催芽壮苗技巧

如何使兰花多发芽、长壮苗，是养兰者格外关心的问题。莳养兰花，既要使其芽多，又要苗壮，看似矛盾，其实不然，只要掌握兰花的生长习性，采取依性施治的有效措施，"鱼"与"熊掌"是可以兼得的。影响兰花多发芽、长壮苗的因素较多，诸如植料、施肥、光照、湿度、温度、通风等。

## 一、优选植料，科学混配

植料是兰花赖以生存的物质基础，也是促使芽多、根旺、苗壮的要素之一。植料的状况直接影响兰花的成活、生长速度和质量。植料优选、混配科学、比例合理、优势互补才能取得良好的养兰效果。下面介绍几种经笔者反复试验证实可用于不同兰类的4种配方。

配方一：香菇土70%，谷壳炭20%，粗河沙10%，另加10%骨炭（此配方适宜栽植春兰、蕙兰）。

配方二：谷壳炭40%，香菇土30%，红砖粒10%，粗河沙10%，火烧土10%，另加10%骨炭（此配方适宜栽植寒兰）。

配方三：红砖粒30%，粗河沙20%，谷壳炭30%，香菇土20%，另加少量干牛粪和骨炭（此配方适宜栽植建兰、墨兰）。

配方四：谷壳炭40%，香菇土20%，红砖粒10%，粗河沙10%，煤渣10%，干牛粪10%（此配方适宜栽植叶艺兰）。

上述配方中的各种植料，取材容易，成本低廉，效果良好。香菇土疏松透气、质轻透水、养分适中，能使兰花芽多、根旺、苗壮；谷壳炭含有大量营养元素，主含钾，利发根；骨炭含磷丰富，肥性不暴，肥效持久；煤渣含有矿物质；红砖粒孔隙多，排水保水性能佳。植兰的垫底材料，笔者选用泡沫塑料块，此物质轻、透气、不透水、有异味、能驱虫，用其垫底，

兰花的根尖生长很好，发芽率高。

## 二、因种而别，适时施肥

一般而言，每年3月底兰花开始萌芽，3~6月期间长出的新芽称春芽，10~12月期间萌发的新芽称秋芽。春芽壮、秋芽弱，宜多催发春芽。兰花春芽的萌发都有高峰期，不同种类的兰花，其发芽高峰期有所不同。建兰发芽的高峰期为4月中旬至5月上旬；春兰、墨兰的发芽虽始于4月上旬，但高峰期墨兰为4月下旬至5月中旬，春兰为5月中旬至6月中旬；寒兰、蕙兰的发芽较迟且不整齐，无明显高峰期；寒兰5月开始发芽，有的到6~7月才出芽。为使兰花多发春芽，必须抓住施肥的关键时期，适时追施催芽肥，每隔5天1次。施肥的起始时间，原则上在各种兰类不同的萌芽高峰期到来之前的半个月至1个月。

施用的肥料种类，目前市场上有较多的催芽类肥料出售，其特点是见效较快、价格较高、多数含有激素，兰友们可根据情况灵活选用。笔者是交替使用下列一些催芽肥。

①花宝4号。氮、磷、钾三要素含量比例为25∶5∶20，能促进兰花的分芽和根群增多、茎部（兰头）强健。使用方法与用量可按照说明书。

②植宝素。既可作为催芽肥，又可作为壮芽肥。喷施兰花的浓度，笔者采用水肥比例为6000∶1。如果浓度过高，反而会出现抑制兰花生长现象。

③菜籽麸肥。固体，含氮4.60%、磷2.48%、钾1.40%，可于11月间穴施于兰株周围，利于来年萌发新芽。用量为口径20厘米的盆钵施以一汤匙肥粉末。

④维生素$B_{12}$。1千克水掺1~2支1000单位的维生素$B_{12}$注射液喷施叶面。从春芽开始萌发前（约于3月上旬始）每周喷施1次，直至夏至，可提高春夏叶芽的萌发率。

兰花叶芽出土后，逐渐进入营养生长的重要时期。叶芽萌发得越多，需要的营养就越多。如果养分跟不上，芽苗就长得弱小或者夭折。因此，必须施以壮芽肥，充分满足兰花芽苗营养生长期对肥料的需求。笔者除了

喷施植宝素外，还施用沤熟（需沤 1~2 周）的淘米水。淘米水是良好的磷钾质肥料，用其浇灌兰花能壮苗。

### 高手这么说

每隔 10 天喷施 1 次磷酸二氢钾。据观察，兰花经常喷施 0.2% 的磷酸二氢钾，除能促花外，还能促使兰花新苗的假鳞茎更快膨大。兰花假鳞茎长得饱满，能够储存较多的养分，供应植株生长之需，也利于来年萌发壮芽。

### 三、调节光照，掌握湿度

总的来说，兰花是一种喜半阴半阳的植物。然而，不同的兰花种类对光照的要求又不尽相同。墨兰要求最阴，强光或光照过长，会使兰叶萎软而垂；春兰、寒兰喜偏阴，寒兰喜折射的光照；蕙兰、建兰需较多的阳光，但也不能置于骄阳中。光照的强弱、长度对兰花叶芽和花芽的萌发数量、出土期及生长状况都有直接的影响。

光照适度，兰花生长健茂；光照过强或过弱，兰花长势欠佳。放置于阴处的兰花萌发的叶芽较多，花芽较少；反之，则多发花芽。但春天的阳光对春兰、寒兰的生长有利，春季宜每天让阳光散射或斜射两个小时。

植兰场地的遮光率，一般春季控制在 60%~70%，夏季控制在 70%~80%。白露后无需遮阴，可多受阳光，促进光合作用，积蓄养料，利于来年生长。一些喜偏阴或偏阳的兰花，还可通过放置在植兰场地不同的地方加以调节。

"耐干旱"是兰花的习性之一。兰花对干湿度的要求应分两个方面，一是空气湿度，二是盆土湿度。兰花叶片丛生，蒸腾水分的面积较大，需要较高的空气湿度。兰花的根、叶与假鳞茎构造独特，能够储存水分，因而兰花能耐干旱。兰花盆土的干湿度以"干湿适度，湿中偏干"为好，湿中偏干，利于透气、萌芽。盆土过湿，导致烂根、招致病害。具体地说，春、夏、秋季兰花盆土应保持七分干三分湿，冬季应保持八分干二分湿。兰花叶芽生长期（5月至6月底）需要较多的水分，如遇连续晴天，应适当浇水，才能壮苗。叶芽抽生期（3~4月）应适当少浇水，否则易致幼芽基部变黑、腐烂。冬季休眠期，则更应少浇水或不浇水。盆土过湿时，可在盆面上撒少量草木灰，以调节盆土湿度。

### 四、恰当分株，合理换土

兰花如何分株为恰当？何时换土为合理？兰界的说法不一，公说公理，婆说婆理，各执一词。

有人主张兰花年年分株换土，说是分成单株栽植能够提高增殖率，年年换土可增加土壤肥力。

兰著云："兰喜丛生，忌孤植。"单株栽植，特别是爷代株，虽可多促发叶芽，但如果单株非壮苗或养分没有跟上，萌发的叶芽多为弱苗。芽多苗弱、苗弱芽少，最终还是不能提高兰花的增殖率，只有芽多苗壮才能真正提高兰花的增殖率。但是，具体的情况必须具体分析，有些萌芽率高的品种，如金丝马尾是可以选壮苗单植的。

年年换土，也不一定需要，关键的问题在于所选介质含肥量足不足、含肥面广不广。只要植料选取适当，配比科学，一盆兰土的养分足够供应兰花3年之需。兰花每换1次土，伏盆期就需半个月至1个月。频频换土，根系必然受损，地上部分生长减缓，吸收功能减弱，不利于兰株的生长。如果盆土太湿或其他原因招致根烂叶枯，引发病害，如白绢病，权衡利弊，那就必须马上翻盆换土了。

分株换土，笔者的做法是：3~5株连体成丛、口径20厘米的盆钵每盆栽一丛，选用本文上述的植料配方，3年一换土。为促使爷代株假鳞茎的休眠芽萌发，可将爷代株与母代株假鳞茎连接处轻轻扭动一下，使其呈半分离状，以加速爷代株发芽，并剪去爷代株的老叶、残叶，使其地下部分生长减慢，促进地上部分生长。

（福建/张炳福）

# 护芽一法

名兰一芽值千金。

江南梅雨季节，气温高，湿度大，是兰花长芽的大好时机，但又是腐心病危害新芽的高峰期。暴发腐心病的原因之一，与植料有关。新芽周围的植料湿而不透气，病菌乘虚而入。如果让新芽周围有一个清洁、干燥、通风的空间，腐心病就不易发生了。

笔者的做法是：取一次性透明塑料杯，剪去杯缘和杯底，再剪成9厘米×7.2厘米的长方块，在7.2厘米一边粘上双面胶，再将另一边叠粘上去，便成高7.2厘米、直径3厘米的圆筒。在圆筒的一端剪个三角形缺口备用。

入梅前，倒去一部分植料，扒空新芽基部，使其裸露在外。将塑料筒三角形缺口插入新芽与母株之间，加入原植料。这样，新芽就有了一个清洁、干燥、通风的小天地。若新芽有根，放入少许大颗粒植料，盖没新根即可。以后管理，注意不让水、肥、污物进入筒里即可。　　（浙江/老铁）

# 兰花僵芽"激活"

在兰花种养过程中，有时会发现兰花的新芽出土后，几个月内都不生长，一直保持原状，我们把这种芽称为僵芽。

发生僵芽的原因有很多。例如：在早春时节，刚出土的新芽便受到春寒的冻伤，在翻盆换土时兰芽受到损伤或是被虫咬伤，兰芽出土后养分供应不足，在兰芽刚出土时施用了浓度过高的肥液或药液，兰芽发生脱水，这些都是产生僵芽的原因。最近有报道说，在新芽发育阶段如果所需要的

养分比例失调，也会导致僵芽。

发生僵芽后，不必紧张。如果不是受到机械伤害或是严重的冻伤，而仅仅是因为生长所需要的水分和养分等不适宜造成的僵芽，一般都有办法使兰芽重新恢复生长。在发现兰芽僵芽连续一两个月都不生长时，通常已经是进入梅雨季节的尾期，应立即采取措施，否则进入了暑期，兰花大都生长缓慢，难以使僵芽重新恢复生长。"激活"僵芽的方法是用生长调节剂类药剂进行处理。常见的药物有兰欣203促芽剂、兰菌王、催芽灵、促根生等。兰欣203促芽剂可按1∶200倍比例稀释（1瓶对水3千克），每7~10天使用1次，对叶芽进行喷施或是浇根；促根生可按1∶500比例稀释后喷施老苗，可以较好地使僵芽恢复生机。如果是因为养分比例失调引起的僵芽，则可以采用医药上用的21金维他1粒配500毫升水稀释后喷施或浇根，1周1次，连续使用3次。经过以上处理的僵芽，一般在1个月后开始恢复生长。

**高手这么说**

> 使用生长调节剂刺激僵芽生长时，不可直接喷施在芽上，应该喷施在母株上，这样母株吸收后输送给僵芽，可以防止药害的发生。

若经过处理后仍不能继续生长的僵芽，应及时抹去，以免造成养分消耗或引发病害。 （福建/杨大华）

# 兰花单株繁殖注意事项

## 一、单株繁殖的根本前提是苗壮根好

按照我国艺兰习惯，每盆兰花最起码要有两苗，方能正常生长。蕙兰由于植株代谢作用强，假鳞茎小，一般每盆须 3 苗以上，方能苗壮成长。如盆中兰苗过少，植株一般很难快速健壮生长。但这并不是说兰花不能单株繁殖。只不过兰花的单株繁殖要求高，必须优中选优，选择的标准就是苗壮根好。常言道"根深叶茂"，兰花的生长主要是依靠兰根吸取土壤养分和光合作用制造养分来实现的。一般而言，兰根越发达，吸取的养分越充足，兰株越健壮。因此，兰花单株繁殖，苗壮根好是成功的根本前提。在这方面笔者深有体会。自 2002 年以来，笔者先后用老上海梅、元字、老染字、江南新极品做过单株繁殖试验。其中，老上海梅、元字由于根差苗弱两次都没有成功；而程梅、老染字、江南新极品由于根好苗壮都取得了成功。

## 二、单株繁殖最好选用带"马路"、假鳞茎饱满的前垄草

兰花生长到一定时候，假鳞茎之间会出现自然宽阔空隙带，这空隙带兰界称为"马路"。生成"马路"后，假鳞茎之间很容易自然分离，根系之间也易于分拆，这样可不至于伤口太大，可减少伤口的创面，有利于分割后的植株迅速恢复生长。有经验兰友在兰花单植时往往选用带"马路"的草，就是这个道理。兰花的假鳞茎是贮藏养料和水分的器官，也是产生叶芽和花芽的组织。实践证明，在养兰条件相同的前提下，假鳞茎饱满的兰株更容易发芽，并且越是前垄草壮草，发芽率越高。可见，兰蕙单株繁殖选用带"马路"、假鳞茎饱满的前垄草是非常必要的，可大大提高成功率。

## 三、单株繁殖以春秋季为好

经验表明，兰花的单株繁殖除严寒酷暑期间外，一般都可进行，但最适宜季节是深秋（10 月至 11 月中旬）和仲春（3 月中旬至 4 月）。每年清明至谷雨期间，气温逐渐回升，春暖花开，子芽尚未萌动，新根还没生长；秋分至立冬期间，幼芽长出，新根长成，兰株趋壮。在这两段时期内，单植的兰花相对而言更容易恢复生长，对兰花分株后没有多大影响。单纯从兰花生长的角度而言，秋季单植的兰株经过一个冬季的生长发育，来年春

节可顺利进入生长期，要比春季单植伏盆后再生长要好一些。从总体上看，兰花单株繁殖以秋季分盆最佳。

### 四、单株繁殖准备工作应充分，日常管理要周到

兰花单株繁殖表面上看很简单，但操作技巧上还是比较复杂，不容易掌握。因此，前期准备工作必须充分，日常管理要周到。具体而言，分株前应少浇水，让盆中土壤略带干些，以防分盆时湿泥黏住根系，拆单弄伤兰根。分离后，无论伤口大小，最好用兰花专用消毒粉涂在伤口上，以防感染。分株后，兰根难免或多或少遭受伤害，需要把单植的盆兰放在通风阴凉处，以减少叶面及体内水分蒸发。上盆半月内，土壤切忌过湿，以土壤润而不溃为好，否则极易引起烂根。待盆兰伏盆后，再纳入日常管理。日常管理中应适当增加光照，尤其是冬季和春季可放心让盆兰接受全日照，促其萌发壮芽。在生长季节应薄肥勤施，切忌急功近利，肥水过多，否则适得其反，欲速则不达。

总之，由于兰花单植对兰株的质量、分株技巧及日常管理要求都很高，因此，养兰新手切不可为，经验丰富的艺兰人也应谨慎为之，千万马虎不得。

（山东/史宗义）

# 兰花烂芽烂根的原因及对策

### 一、烂芽的原因与预防

兰花烂芽的主要原因，一是浇水、喷水不慎，将水溅进芽的中心，或者长时间经受雨淋；加之光照不足，温度不高，水分吸收不了；再者，暴雨过后新芽浸在水中，没有及时排水，造成烂芽。二是翻盆分株、修剪老叶以及日常浇水、施肥、喷药不慎，或遭遇意外事故，造成损伤。三是在施液肥时，不慎将肥液溅进芽心，没有设法清除，造成腐烂。四是母株感

染了病菌，没有及时防治，加之幼芽抗病能力弱，导致烂芽。五是介壳虫、蚜虫、红蜘蛛汲取芽的汁液，老鼠咬食带有甜味的嫩芽嫩叶，造成危害。六是由于烂根造成烂芽。

预防方法：

①日常浇水、施肥，最好用瓢勺从盆边浇灌；忌用水管向兰株喷射，防止泥土污水溅进芽的中心。在幼苗期尽量不向兰株喷水，如需喷水必须使用细眼喷头，水点不可过大，以叶面不滴水为宜。若是粗眼喷头，须将新芽盖住。

②夏秋梅雨、连阴雨季节，注意做好防雨准备。或在兰株上用尼龙布或塑料薄膜搭建临时雨棚，或在降雨前将兰株移至雨淋不到地方。并要注意收看天气预报，一旦有大雨、特大暴雨，须采取应急措施预防；如来不及避雨，雨后须及时排除盆中积水。

③酷暑盛夏，防止强光照射、高温烘烤与密不通风；严寒冬季要注意防寒保暖，避免遭受冻害；冬季浇水时水温应与气温相近，不可过高，否则易造成烫伤。

④及时灭菌杀虫。在兰株生长期要定期喷洒多菌灵、甲基硫菌灵或其他灭菌剂，防患于未然。一旦发现虫害，及时喷洒乐果、吡虫啉、杀扑磷、杀硫磷等灭虫药物。日常还要做好兰园安全保卫工作，防止出现人为及意外伤害。

### 二、烂根的原因与预防

兰花烂根的主要原因，一是植料太细，缺乏滤水与透气功能。兰花是肉质根，在栽培中需要的水分绝大部分是从栽培植料所含的水分中吸取，兰根还要从植料空隙中取得氧气进行呼吸。若栽培植料过细，遇浇水过多或经受雨淋，必然排水不良，造成积水，兰根缺氧窒息，此时如有病菌入侵，根系即会腐烂。二是浇灌了浓肥或生肥、浓度较高的杀菌或灭虫药剂，损害了根系。三是水质不洁或水的酸碱度不适宜。兰花浇水要求使用清洁卫生、无污染的水。若用了被病菌或毒素污染的水，即会造成兰株中毒，根

系变黑腐烂，甚至全株死亡。兰花栽培要求用微酸性水和土壤，即pH 5.5~6.5的水和植料，pH低于5即偏酸，高于8偏碱，均不宜使用。

预防方法：

①尽可能使用颗粒植料。城市养兰可购买像仙土、膨化土、蛭石、珍珠岩、兰花专用土之类的植料进行配制；郊区和农村可就地取材，选用谷壳、煤炉渣、碎砖粒、木炭末、朽树皮之类，掺一定比例的腐叶土即成，既疏松透气，又利水保湿，并具一定的肥力。植料水分保持润而不湿，干而不燥，干湿适度。在雨期，须做好防雨工作。

②施肥、用药一定要按比例进行稀释，宁淡勿浓。注意做好植物保护与检疫工作，把好兰苗入口关，不使病苗进入兰场。尤其要避免从病毒流行地区购买或交换兰苗。兰株、兰盆、植料及养兰场所，要定期用灭菌剂进行消毒杀菌。

③尽量使用泥盆、陶盆、紫砂盆栽培，最好不用瓷盆与釉盆。若使用高塑料盆，应在盆壁下端及底部增加孔眼，增强通风透气性能。夏秋高温、闷热季节，要盆下支砖，加大盆间距离，有条件的最好使用兰架，必要时使用风扇、空调，以保护兰根不受损失。

④注意水质与酸碱度。水的质量当然以雨水、雪水为好，但难以取得与储存。用自来水浇兰也不错，只是须存放1~2天，待漂白粉沉淀，氯气挥发后才能使用。每一种水和土，在开始使用与使用一段时间后，须进行酸碱度测试，pH低于5，可添加石灰之类碱性物质进行调整；若高于8，则用盐酸、醋酸、柠檬酸等进行调整。

**刘教授提示**

水质较好地区，如福建等地，可直接用自来水浇兰花，而不必经存放1~2天后再用于浇水。

⑤在翻盆处理烂根或断根时，要保护好根的中柱。兰花根系构造包括表皮、皮层、中柱三个部分，各有其功能。中柱又称"兰筋"，其功能是吸收、

运输水分与养分，还可起到支撑兰株作用。因此，无论是腐根还是折断的根，只需对伤口进行消毒杀菌处理即可以了，可留下中柱继续发挥作用。

（陕西/朱峰山）

# 兰花分株与老芦头培植方法

## 一、兰花分株法

植物都有个顶端优势，即顶端最易萌发新芽，生长新枝。兰花和其他植物一样也有顶端优势。我们就可以利用这个原理，对兰花进行分株繁殖。在一定条件下，根据情况将兰丛的芦头单个或多个的交接缝隙处（俗称"马路"）切断，以形成多个顶端优势，使兰株多萌发新芽。分株繁殖时，要掌握以下原则：

①不同兰类其繁殖力有强弱，一般顺序为：四季兰（指一年开花2~4次的建兰类）、建兰、墨兰、春兰、春剑、蕙兰、莲瓣兰、寒兰等。但每种兰种里又有繁殖力强弱之别，分株时繁殖力强的可多分，繁殖力弱的要少分或不分。

②植株健壮、芦大根好、繁殖力强的兰株可以单株分植，分后个别壮株可萌发3~4个芽。分单株繁殖后，一般在1~2年内株丛不易开花，不可年年分株。

③处于生态条件差的植株，以及芦小根差、繁殖力弱的兰株，绝不可单株分植，应给予休养生息，补充营养，增进有机物质积累，待培育壮健后，才可2~3株连体分植。

④在不翻盆换土的情况下，可拨开浮土，露出芦头进行分株：一种是在春季未萌芽前，对壮健植株用手术刀按需要逐个或多个芦头连接处切开，切开处形成了顶端优势，就会相应萌发新芽；一种是在春季已萌芽后，待

芽生根出叶成幼苗时，将其子株与幼苗一起分割出去（苗、土均不动），不久则母株很快就会冒出新芽来，长成另一新株。这样省却翻盆换土、重新栽植等麻烦，又能促使兰花萌发新芽。

⑤爷株比较老的，不要把爷株单株分割出去，分出去容易倒苗。如一丛3株连体苗，应等子株成苗、芦头成熟时，把子株单株分割出去，留爷母株连体，这样出芽后都可育成壮苗。

⑥兰花栽培几年后，进行分株换土时，兰丛往往有很多无根又无叶的老芦头和无根有叶的老株，对此，应分别栽培，繁殖更新，以获得新的植株。

⑦以观赏性为主的兰花，一般不急于分株，应培育成大丛壮苗，才容易开花，以利欣赏。但年久不分株则又往往不开花，因此繁殖到一定程度也应分株，但分株时至少留4~5株连丛为好。

⑧多株成丛（至少2~3株连体）栽培后伏盆较快，繁殖后也较容易开花，有的母株也会与子株同时发芽长苗。如不根据具体情况或技术不过关，强行分单株，往往会造成倒苗，或萌发的新芽多出弱株（弱株表现为芦头个小、根少细短、叶变短窄、叶数少，有些兰种只有2片叶甚至1片叶）。这种弱株如培育成壮苗（壮苗表现为芦头个大、根多粗长、叶片长阔、叶数多），则就需要一定时间，因此，反而得不偿失。

⑨分株繁殖最好在春季发芽前进行，以利分株后快速发芽、生根、成苗，有利培育壮苗。分株的创口，立即涂上硫黄粉或灶烟灰消毒。

⑩养兰新手最好先将一些普通兰花分株做试验，待取得经验后，再将品种兰分株，以免造成不应有的损失。

## 二、老芦头培植法

①植料配制。由于芦头无根，只剩根心，应考虑芦头与植料要紧密结合，以利栽后芦头不会因失水而干枯。因此，兰盆的上半部分的植料可用山泥（筛去粗粒和粉末，取绿豆、米粒大小的用）加面砂各半混合物，其余的植料及上盆做法可与原来一样。

②先将包裹芦头外面一层的纤维物小心拔除。拔时注意避免休眠芽受

损，并将过长根心剪短些。这样有利芦头和根心吸收水分及植株固定。如芦头连体的不要拆单，这样长出的芽叶片多。有叶株栽后套上薄膜袋，以保持较高空气湿度，但要经常检查、换气，待芽出即可去掉薄膜袋。

③加强管理。由于无根，因此应将其放置在较阴处，特别要注意水的供给，要保持植料湿润。有些叶在栽后有失水状况，表现叶脉浮露，这属正常现象。待老株萌发新芽、生新根后，老株叶就会逐渐复原。如有部分老叶枯萎掉，应及时剪掉。

④新的幼苗出土半年左右，因上层的植料较细，逐渐分化后会变得疏水透气性差，如不重栽就会造成盆内积水，易导致幼苗烂根、倒苗。所以应将老芦头或老株连同新的幼苗一起起苗，重新栽植，其植料和栽培方法和正常做法一样。

（福建 / 吴礼通）

# 老假鳞茎和根状茎的催芽方法

兰株自然要产生一些退叶老假鳞茎，上山采兰有时还会遇到长着根状茎（假龙根）的兰丛。用老假鳞茎或根状茎催芽是增殖兰株的重要方法之一。然而即使是养兰多年的兰花爱好者也未必能很容易地将老假鳞茎催出新芽来，而对根状茎的催芽就更难了。因此，采兰时如遇到带有根状茎的兰株，往往将根状茎切下埋留在山上。然而笔者认为根状茎一旦被人挖起过，再种回去也很难成活，因此最好还是将其带回催芽，既保住了根状茎，还能增殖兰株。按笔者提出的方法催芽，会有很高的成功率，不妨一试。

## 一、当今催芽方法存在的问题

①盆具：即使使用较大的桶、塑料容器等较适合的器具，将假鳞茎催芽成功了，兰苗还要移植到兰盆里，而移植过程容易使小苗死亡。

②植料：水苔、黄土、腐叶土等在催芽时所使用的植料不利于新芽继

续培养。水苔易造成盆内过湿，黄土或腐叶土则不利于盆内换气通风，当温度升高时容易滋生有害微生物，因此中途一定要将幼苗加以移植，而移植易造成死苗。

③换气通风与保湿：通风对兰花来说无论怎样强调也不为过，但对老假鳞茎或根状茎来说却并不显得那样重要，正像种子发芽时通风并不十分重要一样。在种子发芽时必须保证一定的温度和湿度，但种子对空气的需要量则是很少，通风相对来说就不那么重要了。如果一味强调通风，盆土就易干，就要常浇水，一旦停水后盆土很快处于干燥状态，而浇水后马上又处于过湿状态，频繁的干湿交替使假鳞茎或根状茎受到影响，易于感染病菌，使催芽成功率下降。

④移植：将催出的新芽移植于正式养兰盆时容易死苗。

## 二、解决问题的有效方法

①盆具：催芽盆具选用与其他正常兰花一样的盆具。催出的新芽就在原盆内继续养 1~2 年没有必要移植，因而克服了移植时死苗的问题。

②植料：植料亦与其他正常兰株一样采用大、中、小颗粒，按通常用法使用，不采用水苔或腐殖土等，而与其他正常兰株一样全用单一兰石（译者注：韩国养兰多用成品兰石，不混入其他植料）。

③保湿与通风：最重要的是不使假鳞茎或根状茎过湿而又要保持一定的湿度，为此将兰盆用塑料袋（透明）套起来，并在盆的下端用橡皮筋绑扎起来，使其不能透气。

④移植：催出芽后在原盆内继续养 1~2 年，不要移植。

⑤假鳞茎的分割与水分供应：为了多催芽，往往将老假鳞茎拆成一两个为一丛，这样效果不好，尽可能以 3~4 个芦头一组为好。有的在假鳞茎种下之前将其晾干，这也不好。将假鳞茎浸泡于营养液中，主要是为了给它供应水分，供应营养还是次要的。表面干缩起皱的不易出芽，经浸泡膨胀后出芽的可能性就增加很多。有的人为了防止腐烂就把它晾干，这就又回到原点，不利于催芽。

⑥催芽的时机：催芽最好在秋天或冬天进行。

### 三、理论根据

①套塑料袋的理由：给催芽兰盆套塑料袋是本催芽方法的核心。罩上塑料袋后盆内的温度上升，水分蒸发，但被塑料袋封闭在内，当温度下降时水汽凝结下降浸湿兰石，如此反复以维持盆内水分。盆内的空气通过盆的下部与外界发生一定的交流，盆内的水分也随之慢慢减少。当塑料袋内水蒸气不足时将盆坐水浸透，一般1个月1次就可以了。

②将老假鳞茎拆成3~4个一组的理由：拆成单个种植虽也能催出新芽，但新芽瘦弱，不爱长。拆成多头一组催芽，新芽从最强的芦头处发出，有时还能出两个以上的新芽，但最好还是只留1个。新芽出得细弱，未长成就停止生长，第二年还要出新芽，但由于芦头小，第二年的新芽还是长不大，芦头自然还是小的。如此长上几年，芦头始终大不起来。相反，一开始就出壮芽，当年就能长到接近母株高度，第二年就可以度过催芽阶段转入正常生长，而且1年后还可以只留下1个老假鳞茎，将其他芦头拆下再行催芽。

③秋季催芽的理由：催芽在一年中任何时候都可以进行，但为了提高成功率，最好是在秋天或冬天进行。这样在春天到来之前新芽就已经发出并进入生长阶段或在春天到来之时就转入生长，在夏季酷暑之前就已经长得较大，从而可以减少高温危害。更重要的是酷暑过后它仍然能够继续生长。一般春天晚出的新芽到酷暑期停止生长后当年就不再继续生长，到第二年春天再长上一些或又生出新芽，因此新芽也不会健壮，形成恶性循环。

### 四、根状茎的培植

根状茎要用水苔包裹，以免受伤，这很重要。将根状茎块分成适当大小的若干块。虽然整块种下效果更好，但考虑到可能发生腐烂死亡的问题，最好还是分成几块种植，这样即使其中有的腐烂死亡了，其他的还能催芽成功，留住种。根状茎一旦露出于空气后表面会形成保护膜，如果用水冲洗或浸入消毒液中会影响保护膜的形成，杀死根上的共生菌，反而不好。根状茎种入盆中，要使其一半以上露出基质。在不套塑料袋的情况下要全部埋进基质下，但在套塑料袋的情况下袋内经常保持潮湿状态，根不会干燥，而且露出部分在光线下还能进行光合作用，合成营养成分，有利于催芽。如果采到根状茎的季节不是秋天或冬天，就不要马上开始催芽，要放在冰箱中保存到秋季再进行。保管的方法是用浸水后攥干的水苔将根状茎包好放入塑料袋内扎好口，装进瓶子或其他合适的容器置于冰箱的冷藏室内，这样就能保存很长时间。

过去多数情况下根状茎催芽1次后就废弃了，其实搞好了可以多次使用，可不断地一边养着根状茎一边催芽。

### 五、新芽管理

老假鳞茎催芽成功后，塑料袋要一直套到幼苗长到约5厘米高、能够自立时为止，出芽后马上拿掉塑料袋容易造成死苗，这是新芽管理要注意的。根状茎催出的芽长到约5厘米高时，其根也长到一定程度，确认根的长度足以使新芽自立时就要将根状茎切离新苗。及时切除掉对小苗的安全有利。切除时给小苗留下一小段根状茎，将切口消毒并露出在外，以减少感染机会。

［韩国/徐鹤壅（金钟云译）］

# 老假鳞茎培养一法

有许多掉了叶子的老假鳞茎仍保持绿色，并未干瘪。要让它长出新芽有何方法？笔者曾看过一位老兰友，将老假鳞茎铺在兰架底下稍压入土中，上面覆盖麻布袋，浇水时顺便把它淋湿，1个月后即长出新芽及新根。待新芽开口长出两三条新根时再植入盆里。此法既方便又省事。

另一种方式是用塑胶篮盛入湿的水苔，将老假鳞茎埋数周之后即可长出新芽。

（台湾/吴森源）

# 治病杀虫要领

# 把好"五关"，严防兰病

如何使兰花最大限度地减少和避免病害，是养兰人需要解决的最大问题。防治兰病必须严把"五关"。

## 一、严把选种选苗关，引进健康苗

"好的开头等于成功的一半。"引进兰苗是养兰的第一步，开好头，起好步，对于养好兰花非常重要。在引进兰苗时，在确保货真的前提下，一定要严把兰苗质量关，最大限度地将病苗拒之门外，这是减少和避免兰病的基础。实践反复证明，兰友引进兰花特别是名品兰花，最好亲临现场见货引种，尽可能引进与自己养兰环境差不多的兰苗，最好是引进知名兰家用传统方法在阳台栽培的健壮兰花。这样的兰苗虽价格不菲，但货真价实，最为可靠。千万不能图便宜，引进温室病苗。

## 二、严把通风关，环境整洁宜畅通

大自然中的兰蕙大都生长在空气畅通、气候适宜的环境之中，很少发生兰病。因此，艺兰大家有养兰"以面面通风为第一要义"的古训，很有科学道理。养兰场所如通风不好，兰花受蒸闷气易引发各种病害，防不胜防。这就需要养兰人不管是在庭院养兰还是在阳台、室内养兰，要最大限度地营造空气畅通的养兰环境。兰苑布置应整洁有序，兰盆应放置在四面通风的兰架上，尤其是高温闷热的夏季和艳阳高照的秋季，更应注意适时通风透气，宁愿空气湿度低一些，也要确保兰花不受蒸闷气，这是预防兰花病害的关键措施之一，万万不可大意。

## 三、严把浇水关，确保兰根旺

实践表明，兰花的各种病害有相当一部分是由于浇水不当导致烂根而

造成的。给兰花浇水看似寻常，实则大有学问。总体原则是"见干见湿，浇则必透"。浇水无定法，不能硬性规定几天浇一次水，应根据季节、用盆、植料、环境的不同灵活掌握。浇水问题说到底是一个实践问题，需要养兰人一切以时间、地点、条件为依据自己摸索，从中找出适合自己养兰环境和方法的浇水之道。

### 四、严把施肥关，薄肥勤施避肥害

现代养兰人大都用颗粒植料养兰，宜于兰花发根；其不足之处是缺乏养分，营养不全。不施肥兰苗往往越长越弱，难成壮草。因此，给兰花适时施肥很有必要。但由于兰花是比较喜欢清淡的植物，因此，施肥必须以清淡为上，切忌浓肥。一旦施肥过量，轻则兰花烧根，导致兰叶焦尖黑头起病斑，重则致使兰花死亡。给兰花施肥不能搞一刀切，应根据植料和兰苗壮弱情况区别对待。一般而言，用腐殖土养兰当年无需施肥，对弱苗以清养为主；对用颗粒植料栽培的健壮苗可薄肥勤施，促其生长。

### 五、严把预防关，未雨绸缪不放松

养好兰须数年，兰得病只一刻。防治兰花疾病是消极的，预防才是积极的。应本着预防为主的原则积极应对。养兰必须持之以恒，常抓不懈，不能有侥幸心理。日常管理应"勤"字当头，保持兰苑清洁卫生，并根据季节变化及时灭菌除虫，将病菌害虫扼杀在摇篮之中，才会收到事半功倍的效果。

（云南/李德亮）

# 兰花病虫害防治存在问题及应对措施

### 一、兰花病虫害防治中存在的主要问题

①诊断不准，是兰花病虫害严重发生的根本原因。我们到医院看病时，

最需要的是医生将病情诊断准确，然后才能对症下药，这是很好理解的。但是，在兰花病虫害的防治上，很多兰友往往是没有将自己的兰花得什么病、遭什么虫诊断准确的情况下，而急于用药，这样的防治，药效是不好的。诊断不准，是兰花病虫害严重发生的根本原因。

②兰花病虫害发生条件复杂，是兰花病虫害严重发生的客观原因。从近几年的调查看，有 100 个养兰人，大体就有 100 种养兰方法，这主要是因各人的养兰条件、经验及对不同养兰方法看法不同引起的。因为养兰人条件千差万别，养兰环境各不相同，造成养兰方法多种多样；因为不同养兰人养兰技术不一样，养出的兰花壮弱也就不一样。由此造成兰花病虫害发生环境条件很复杂，最终所造成的兰花病虫害发生种类多种多样，各不相同。仅从兰花的茎腐病来看，如果单凭兰花的假鳞茎腐烂这一条，是无法作出准确诊断的。

**高手这么说**

对有经验的人来说，也必须要看到实物，并且分离病部组织作适当的室内培养以后，借助仪器，才能作出初步结论。一般兰友仅仅借助于兰花病虫害图谱，诊断害虫还可以，要是诊断兰花病害，结论就不一定是很准确的。

③对农药的特性、作用机理、防治对象了解不够。从调查中看出，对兰花的防病药剂，很多兰友只知道多菌灵和甲基硫菌灵两种。种兰时，兰株消毒用这两种药，预防兰病也是用这两种药，兰花得病后还是用这两种药进行治疗，这样做，往往在兰病发生重的年份要吃亏。这是由于这两种药本身就同为苯并咪唑类的杀菌剂，长期使用，病菌易产生抗药性，且对其中一种产生抗药性，则对另一种也就相应产生了抗药性。因此，在使用某种农药时，一定要明确该种农药的作用机理和防治对象，才能起到相应的效果。在杀菌剂的作用机理上，要明确该药对病菌主要是起到预防作用、治疗作用，还是铲除病菌的作用；同时还要了解该药是有内吸作用，还是

有触杀作用等知识，才能有针对性地用药。事实上，在兰花病虫害防治上使用药剂是很讲究的。什么病虫需要用什么药剂防治，这是必须搞清的。如兰花细菌病害，若用防治真菌的农药去防治，一般效果很差或无效；而同样是真菌引起的病害，也不是说什么真菌防治药剂都有效，必须有针对性地使用，才能提高防治效果，这是防治兰花病害用药的基本要求。需要着重指出的是，有少数药剂如可杀得等含铜的杀菌剂，对真菌、细菌和病毒引起的病害均有一定的防治效果，但这类广谱性的杀菌剂，一般主要用于预防，在发病高峰期使用，则不管防治什么病，防效一般都不高。以这类广谱性药剂为主来防治兰花病害，往往易造成重大损失。

④对兰花中上部病虫害较重视，而对假鳞茎和根部病虫害重视不够。从栽兰实践中看，很多兰友对兰株假鳞茎病害和根部病害重视不够，事实上，对兰株死亡最具毁灭性的往往是这两种病害。一般兰友多数是在兰花得病，并且已经表现出症状以后，才采取措施，这对兰花中上部病害而言，急救多数时候还有一定效果，而对假鳞茎病害和根部病害而言，则往往为时已晚了。另外，需要引起广大兰友重视的是兰盆中的害虫问题。盆中害虫种类很多，危害事实上是较重的，需及时防治。

⑤缺乏系统性的预防措施，施药不及时。在养兰实践中，我们常看到有的人今天施这种药，明天听别人说那种药好，又换成另一种药，结果防效往往不理想。因此，防治兰花病虫害，要想达到较好的防效，针对某一病虫，必须要用防效好的同一药剂，连续施药，病害至少连施3次（7~10天1次），虫害至少连施2次，才能达到较好的防效。在防治时期上，一定要掌握虫害在发生数量较少时施药，即通常说的治早、治小；而病害则必须牢记预防为主的原则，及早施药；若兰花已发病的，则必须抓住发病初期这一关键时期连续施药。另外，在病虫害的预防上，可以根据当地常见的病虫害（诊断正确的前提下）提前用药，牢记一年中的高温高湿季节（5~9月）是兰花病虫害的发生高峰期，需要及时预防。

## 二、应对措施

①严格执行种苗和植料的消毒措施。新引进的兰苗，必须采取相应的消毒杀菌和灭虫的方法，尽量杜绝和减少病虫害的传播，切断传播来源。种植兰花时，对兰花分苗用具、植料、兰盆应进行消毒处理。较好的措施是进行高温消毒，高温消毒能杀死病菌和害虫，并且比较彻底。

**高手这么说**

可以将养兰用品、用具、植料等放入开水中煮 10 分钟，或用蒸汽在水烧开后持续蒸 30~60 分钟。其他方法比如用太阳暴晒、用锅炒等方法都可以，但不一定能将病菌、害虫和虫卵等百分之百杀死。

②定期预防病虫害。近几年来，随着规模化、现代化养兰者的增多，很多名兰精品价值很高，做好这一条，就显得特别重要。2005 年 8 月中旬，笔者在国内某知名兰花网上看到，某兰友就因兰花发生茎腐病，在 15 天之内一次病死蕙兰名品程梅 50 多苗价值 60 多万元，这是很可惜的。试想除少数大户外，绝大多数兰友能经得起这种打击吗？因此，做好兰花病虫害预防，特别是具有毁灭性的病害的预防，是很有必要的。在具体预防措施上，在大理白族自治州内，大体来说，春季以预防虫害为主、病害为辅；高温高湿的夏季，则以防病为主、防虫为辅；秋季则病虫兼预防；冬季一般病虫害发生较轻，可根据个人的情况进行挑治。但在冬季，要特别注意保护兰花根系。若冬季盆土湿度大，兰花最易烂根，养植兰花有谚语"冬季养根，夏秋季养叶"，是很有道理的。

③对症下药。前面已说过，现在兰花病虫害发生重、难防治的根本原因是没有对症下药，主要就是诊断不准。其解决方法，就是自己做好预防和防治工作，自己不知道的或拿不准的病虫害，则就近向有经验的人请教，也可以向从事这方面工作的专家请教，务必诊断准确，才谈得上对症下药。现在很多人在谈论兰花茎腐病时，就有盲人摸象、不得要领的感觉。

④及时施药。该项措施主要包括两层意思：一是防治要及时，除做好平时的预防工作外，要在兰花病虫害发生初期用药；二是前面已说过，针对所发生的病虫害，特别是病害，在诊断准确的前提下，选准药剂，连续施药，病害至少3次（7~10天1次），虫害至少2次，才能确保有一定的防效。及时施药，是减轻病虫害发生、减少损失的有效措施。

⑤正确掌握农药的使用浓度，并均匀喷施。目前在兰花病虫害防治上，对于农药使用，有两种不正确的用法：一是使用浓度过高，如有些人在防病时，直接使用商品药剂不经对水直接涂在病部。这种方法对兰花来说，易出现药害（直接药害是兰株枯死，间接药害是伤害兰花的叶片、生长点和兰根菌）；对病虫来说，易产生抗药性，直接后果就是以后使用相同药剂，防效很差或者没有防效。现在很多人说甲基硫菌灵杀菌效果很差，原因就是使用时间太长和用法不当造成的。二是部分养兰人害怕使用农药伤着自己的兰花，很少用药或使用浓度太低，没有起到防治病虫害的作用。上述这两种方法其实都是不科学的，正确的方法应该是根据各种农药的作用机理、防治对象和使用方法，结合自己的或别人的成功经验，确认某种药对某种病虫有效果，且无药害后，再进行使用。在喷药时，叶片正面、背面及盆土表面都要喷到，才能有较好的防效。

⑥交替用药。针对一个地方的主要病虫害种类，要选择不同种类的农药。每种病虫害要选择3种以上有效农药，至少1个月轮换1次，才能有效地避免病虫害产生抗药性，提高防效，同时延长某种有特效农药的使用年限。这项措施也应引起广大兰友的注意。

⑦加强通风。广东清代兰家区金策说"养兰以面面通风为第一要义"，"通风为种兰之先务"，"阳多花佳、阴多叶佳，此为通风者而言之，若不通风，则阳多晒死，阴多淤死，无不死也"。这是养植兰花关于通风的至高论述，是真理。这就要求我们做到：养兰环境要通风、植料要疏松通气、兰盆也要通气，才能养好兰花。通风在养好兰花、防治病虫害，特别是在病害防治上，是具有不可替代的作用，每个养兰人均应重视。（云南/杨德良）

# 兰花治病灭虫体会

兰花在盛夏季节，极易遭受各种有害菌的为害。常发生的病害主要有软腐病、茎腐病、腐烂病等。轻则影响兰花生长，重则造成兰花枯死，因而，病虫害的防治尤为重要。

平时要做好预防工作。注意环境卫生整洁，及时清除各种废弃垃圾，定期喷洒消毒剂，如用优氯净、石灰水进行周围环境的消毒。盆具要用高锰酸钾溶液严格消毒。植料在使用前应用蒸汽高温消毒，如不具备条件，也可采用阳光暴晒的方法进行消毒。正常管护中的兰花，要定期喷洒咪鲜胺（或咪鲜胺锰盐，效果相同）、吡唑醚菌酯、甲基硫菌灵、噻菌铜等药液进行预防。

栽培过程发生病害要及早防治。对发生炭疽病、白粉病、黑斑病等叶部病害的兰株，因这类病害对兰花的危害一般不大，直接选用甲基硫菌灵、多菌灵、苯醚甲环唑等喷洒即可，并注意及时剪除发病部位及枯枝败叶；对发生软腐病、黑腐病、白绢病、立枯病等严重病害的兰花，应坚决隔离，及时翻盆，用锋利的刀具切下发病兰株，同时与发病兰株相连的健康兰株也极有可能感染了病原，也应一并切下，作焚毁处理。每次切割后刀具都应用高锰酸钾溶液或酒精消毒。将其余健康兰株按离发病兰株距离的远近分别分株，用清水反复冲洗，放入稀释 500~1000 倍（可比平时施用浓度稍大）的咪鲜胺、噻菌铜等药液（根据所发病害的不同选用不同的抗菌药物）中浸泡半小时，捞出，将兰根朝上挂于通风处晾干。如系离发病兰株较近的兰株，可再浸泡消毒 1 次，晾干，在切口处洒上少量干药粉，也可在假鳞茎周围用毛笔蘸水涂湿，洒上少量干药粉；然后换用新鲜植料重新上盆，并让假鳞茎暴露，以便于观察、治疗和兰株的恢复。在兰株四周浇入咪鲜胺、噻菌铜等稀释液作为定根水，但切忌直接喷浇于兰株上。将其置于通风干燥处，偏干管理，1 星期后再浇 1 次。

**高手这么说**

对于感染病毒的兰株，应坚决焚毁。对感染疫病的兰株，因其救治较困难，传染性较强，原则上也应焚毁；如系名贵兰花，可采用如上方法进行对症救治，但应采取严密隔离措施，以防传染。

有一个误区，一些兰友翻盆后喜欢用甲基硫菌灵、多菌灵作为消毒剂。如系正常兰株的消毒未尝不可，但长期使用可造成病菌产生耐药性，使药效大为降低，故应几种不同组分的药剂轮流使用，且严格控制浓度，切忌浓度过高或过低。如用于患有上述严重病害兰株的消毒，由于甲基硫菌灵、多菌灵对这类病害的病原菌抑制作用较弱，消毒效果并不理想，可能导致病害反复发作、绵延不绝，造成较大的损失；对此，应对症下药，尽量选用对该种病害效果较好的药剂，如根腐病选用敌磺钠，软腐病选用噻菌铜，茎腐病、炭疽病选用咪鲜·多菌灵，白绢病选用井冈霉素等。

大多数害虫，如介壳虫、蚜虫、红蜘蛛、线虫等，不仅消耗掉兰花的养分，使兰花长势羸弱，免疫力降低，还会使兰花产生伤口，导致病菌侵入，极易引发病害；蛞蝓、螟虫等则啃食兰叶、幼芽、花芽，其危害同样不可小视。对这类虫害，可选用溴氰菊酯、乐果等喷杀，也可采用克百威施于根部进行防治，效果较好，但要注意用药安全，以防人畜中毒。切忌使用灭害灵等喷杀。蚂蚁虽很少会直接对兰花产生危害，但它们往往为蚜虫、介壳虫的发生为害提供条件，也要注意杀灭；蚊虫、飞虱可采用黄板诱杀。

（云南/陈天俊）

# 兰花病虫害防治三法

兰花是草本植物，在人工培养的情况下，其发病率要比自然生长在林中时高得多。据笔者对兰花的植保记录，兰花在人工培养的情况下，由于温、湿、光、气的不同加上环境空气的不洁，兰花最易发生炭疽病、黑斑病、纹枯病、锈斑病等叶面病害。对兰花叶面病害的防治，笔者采取如下3种防治方法。

其一，叶面喷雾法。可用咪鲜胺或吡唑醚菌酯800倍液喷雾杀菌防病。可掺入乐果1000倍液杀虫。在高温高湿的季节，每间隔10天或15天按药液比例防治1次效果更佳。

其二，灌根灭菌法。严重发生黑斑病、炭疽病等的病株可采取灌根灭菌消毒措施。具体做法，可用多菌灵1000倍液浇灌盆土或浸盆，同时对叶面喷雾药液杀菌，隔1星期进行1次，效果很好。

其三，针剂除病法。对已严重发生黑斑病、炭疽病的兰花病株的病叶，通常采取剪除的方法。如珍稀艺草患病，剪除叶片实在可惜，可仿医药的原理，对兰花的病叶进行打针除病，效果特佳。

具体做法：将事先配置好的咪鲜胺800倍液，用一次性20毫升注射器，吸入18毫升的药液，在兰花叶面的病斑点上插入针头同时注入药液。在每个病斑点上都打上1针，效果明显。打针时用一块消毒过的泡沫塑料垫底，以防针头扎手。

（江西／张广荣）

# 兰花病虫害的四季防治

兰花是草本植物，原生于林深幽谷，那里空气清新，时有山风吹拂，阳光普照，淋浴着大自然的雨水，所以在山林中自然生长的兰花很少生病，长得是那样苗壮碧绿可爱。但人工栽培兰花，植料、水肥等人为因素，或环境空气不洁很容易给兰花造成一些草本植物易发生的病虫害，如白绢病、黑斑病、炭疽病、纹枯病、介壳虫等。笔者针对不同季节温度、湿度情况，采取相应的防治方法，效果较好。

春季，自然气温回升，空气湿度增大，无论是盆栽的兰花，还是大棚地栽的兰草，寄生在兰株上的病菌将开始复苏、繁殖生长，20 天用药 1 次，杀菌预防病害。可用咪鲜胺 800 倍药液喷雾，兰花植株、盆具、盆土表面均要喷到药水，做到细致认真，不得马虎了事。杀虫可用乐果 800 倍药液喷杀预防。药物的使用上可选择几种通用的杀菌药如咪鲜胺、吡唑醚菌酯、苯醚甲环唑（世高）、多菌灵、百菌清、甲基硫菌灵等轮换使用，杀虫药可选用乐果、敌敌畏、介壳灵、蚧螨特等药物。在杀菌防病的同时可掺入杀虫药物，配比要正确，稀释药液要认真，不宜过浓，避免药害。

**刘教授提示**

梅雨季节，容易发生炭疽病。如发生炭疽病，可选用咪鲜胺、苯醚甲环唑喷雾，效果显著。

夏秋之季，高温高湿，是兰花生长的最佳时机，也是病虫害最易发生的时期。在 4~10 月，防治病害可 12 天喷药 1 次，选用多菌灵 800 倍液或甲基硫菌灵 1000 倍液杀菌防病。可掺入乐果 800 倍液或蚧螨特 1000 倍液防治 1 次。

冬季，10 月份至翌年 1 月份，自然气温低下，干燥的空气与寒冷的气温自然制约了兰花病虫害发生，杀菌防病 20 天 1 次。

**高手这么说**

兰花病虫害的防治要灵活机动，据情防治，有病有虫才用药，无病无虫少用药或不用药。过多用药易造成药害，不利于兰花的生长。

病虫害要从根本上解决，对症下药，才能根除。如白绢病就是一种耐酸性真菌，草木灰防治白绢病有一定的效果，但是一旦发生白绢病，盆土要严格处理，更换盆土，除去病苗、病根，用石灰水浸泡病株后用细沙素养。

（江西／张广荣）

# 高温条件下的兰花生理性倒苗

2004 年夏天，杭嘉湖地区的气温，较往年高出了许多，特别是 7 月下旬以后，连续出现 39℃以上的高温天气，直至 8 月下旬以后，气温才稍见下降。在此高温期间，阳台上栽种的春兰出现了倒苗现象：新苗尚能勉强生长，老苗则纷纷枯倒。一盆 4~5 苗的健壮兰草，当年春天发出 2~3 苗新芽，至此时则倒下了 2~3 苗老草，总苗数没有增长。一年的辛苦管理，全部成了泡影。

倒苗初期，兰友们不知其原因，以为得了什么病害，用遍了各种药剂：多菌灵、百菌清、甲基硫菌灵……却依然无效。后经分析，才知道是生理性倒苗。

什么是生理性倒苗？

每一种花卉都需要生活在一定的自然环境中，长期以来适应了它所生长的特定环境。如今，人们为了欣赏的需要，将它们栽种到了与原生地不同的环境中。离开了原生地的环境条件，一般情况下，花卉常不能正常生长。为了确保它们的生长，人们又人为地创造出一定的条件，以满足花卉生长的基本要求。兰花也是这样。以春兰为例，它们常野生于海拔 300~2200 米的山区。在华东地区，有分布于海拔 100 米左右的报道，在冬季不甚寒冷的我国西南地区，也可分布至海拔略高的山区。分布的限制因素主要是气温：冬季不能太低，夏季又不能太高。

从兰花的主要生理活动来看，高温条件下的矛盾，主要是由呼吸作用与光合作用之间的不平衡所造成的。

先说光合作用。兰花生长与生活所需的养料，主要依靠光合作用来制造、供应。光合作用是一系列的生物化学反应，既然是生化反应，当然受到温度的影响。大多数亚热带、温带植物（包括国产的大部分地生兰花）

的光合作用的最低温度为 0~2℃。低于此温度时，光合作用就不能进行。最适温度为 20~30℃，在此温度范围内，随着温度的提高，光合作用的强度、效率随之成比例地提高。但是，温度进一步提高（超过 30℃以上）时，由于酶活性的降低，光合作用反而受到抑制。当温度上升到 40~50℃时，光合作用就停止了。

再来讲一讲呼吸作用。所有生物（包括植物与动物等）通过呼吸作用分解有机物、释放能量，以供生命活动需要。所以只要是活着的生物，都要进行呼吸作用。呼吸作用的最适温度为 30~40℃。在这个温度范围内，每增高 1℃，呼吸强度增强 1 倍，温度越高，呼吸越旺盛。呼吸作用的最高温度为 45~55℃，在超过 55℃的高温条件下，由于细胞原生质（主要为蛋白质）结构受到不可逆的破坏，酶的活动也受到破坏，因此呼吸作用急剧下降，直至停止。

由此可见，光合作用与呼吸作用所需的温度条件是不同的。

在夏季 39℃以上的高温条件时，光合作用已进入严重受阻，甚至接近停止的状态，而呼吸作用却正逢最适、最强的条件。这时的兰花，由于光合作用的停止而不能制造养料，而又由于呼吸作用的增强而大量分解、消耗养料。在"入不敷出"、养料供应严重不足的情况下，所有的生物为了个体的生存、为了种族的延存，都会采取一种弃旧保新、舍老保幼的"应急措施"——保新芽、倒老苗。

兰花在高温条件下的生理性倒苗的科学根据就在这里。

 **高手这么说**

> 生理性倒苗与病理性倒苗的症状不一样。病理性倒苗，不管新苗、老苗，凡致病的都要倒；但是新苗较幼嫩，所以通常先从新苗开始。生理性倒苗起因于内部养料的调整，新苗全都正常，倒的都是老苗。病理性倒苗，还伴有其他病症，如有病斑、有分泌液、带恶臭等；而生理性倒苗则常表现为"突然衰老"，不带有其他病症。

预防兰花高温条件下的生理性倒苗，措施只有一条：加强遮阴、通风、降温，保持环境条件的合适温度（30℃左右），最好不能超过35℃。

（浙江/杨涤清）

# 建兰病虫害防治技术

## 一、虫害防治

建兰虫害比其他兰科植物要严重一些，因为它的花期集中在夏秋两季，高温干燥，常吸引许多昆虫为害，其中以蓟马为害最为严重，全年均会发生。其幼虫体为桃红色，成虫体为黑色。长约2毫米，如跳蚤般。为害部位以花为主，造成花瓣出现褐色斑，严重时花苞不开而枯死。蓟马喜藏在瓣基部及新芽叶鞘，无花时则藏在假鳞茎间隙缝中为害嫩芽，新芽开口始发现被害痕迹，初期为白色斑，犹如毒素病症状。成株后呈褐色状，甚至造成叶片皱缩扭曲。这些伤口有利于其他病菌侵入。

其次为介壳虫及蚜虫。叶基部、叶片、花梗均可为害，而且与蚂蚁共存，专刺吸植株汁液，造成叶片起黄斑点，提早枯萎掉落。

最后为金花虫类，专门为害花苞。其体色为金黄色，体长12~18毫米，当兰园花苞被啃食殆尽时，就难以发现本虫存在。

上述这些虫害防治方法相同，发生严重时，除摘除花朵外，每周施药1次，连续2次。防治药剂可选用氧乐果、灭多威、丁硫克百威、毒死蜱、马拉硫磷、氯菊酯等药剂，剂量依其说明书调配。

危害根、茎部分之害虫有线虫，蛞蝓、蜗牛之类软体动物，其中以穿孔性线虫最为严重，除造成根腐之外，假鳞茎生长点也被破坏殆尽而不长芽。蛞蝓、蜗牛之类软体动物则啃食新根及嫩芽。此类动物有一共同特征，其皮肤均会分泌油脂供其滑行及呼吸，使用有去脂作用之清洁剂、肥皂水、洗洁精或黄豆粉、苦茶粕等天然药物均能达到良好效果。黄豆粉和苦茶粕需用食用醋或糖醋液浸泡溶解，取其汁液稀释200倍后灌注或浸泡。化学药剂可用四聚乙醛治疗，其毒性强，使用时须谨慎。

虫害的防治，除积极性地施用农药扑杀外，消极性地驱离也不失为良策，例如悬挂青色、白色或黄色黏板黏带，可减轻蓟马及飞虫危害。地上撒石灰或植床架支柱套上保特瓶，可防止软体动物侵入。

### 高手这么说

> 糖醋液可消除红蜘蛛，木醋液、酒精、蒜头汁、辣椒汁、苦楝油、樟脑油、香茅油之类具有辛辣味的天然有机物，对昆虫的驱离也非常有效。

害虫非赶尽杀绝不可，但杀了一批，外面仍有新的一批侵入。于是，不断地用药，但用药太过频繁对人体健康危害甚巨。采用有机农药及物理性防治，逐渐成为现代农业科技主流，仍有许多好的方式等待开发。上述这些方法为笔者长期实践所得。

## 二、病害防治

危害建兰的病原菌有十几种，这种菌体非常微小，必须通过显微镜观察或培养基培植才能了解其原貌。对一般培养者而言，只能依植株的病征判断其为何种病菌。但是有些病征极为相似，病菌却完全不同，治疗药物也不尽相同。判断错误，往往造成药物浪费及病害继续蔓延扩大。最好的方法是将病株送往有关单位，例如农科所、农业院校鉴定。可是病原菌蔓延极为迅速，尤其是大面积栽培场，往往等到鉴定报告下来时，兰株已病入膏肓。为了使损失降低到最低程度，应先采取下列措施。

一是停止浇水。水是所有病菌最佳媒介，长期下雨或浇水次数过多，病菌最容易滋生。盆面维持干燥可暂时控制病菌蔓延。

二是增加兰室通风。通风的定义包括兰室内外空气对流及盆与盆之间空气流通。通风良好可减少盆面湿度及病菌的附着。

三是隔离病株。发现病株立即隔离、换盆或销毁，地面清除干净并撒

石灰，防止病原菌由风及水传播。

接下来是对症下药。在鉴定结果出来之前虽无法完全确认病因，但是依病症特征可判定十之八九。

笔者经验，建兰病害约可分为下列四大类型。

1. 叶斑病类型

叶斑病类型包括炭疽病、黑斑病、锈病、焦尾病，均发生在成株叶片上，其症状初期叶片产生褐色小点，后扩大成圆形病斑，有些会有黄晕产生，有些病斑周围会有辐射状小点或水浸状黄晕。严重时叶片提前黄化掉落。本病菌一年四季均会发生。台湾地区在1997年初连续下了1个多月的雨，曾经造成本病害大流行，许多大兰场遭受其害，甚至全军覆没。

发病原因，除空气湿度太高、通风不良外，缺根、虫害、晒伤、冻伤、药害、肥害等因素引起伤口及植株变弱，也是主要原因。

防治方法：

①切除罹病叶片并予销毁。

②兰室地面及周围环境清理干净，保持良好通风。

③雨季前后选喷咪鲜胺锰盐、咪鲜胺、氢氧化铜加噻菌灵（腐绝）、氟硅唑（护矽得）。已罹病株，每5~7天1次，连续5~8次，平时预防每10天1次。

使用石灰硫黄剂或石灰硫酸铜剂稀释1000倍液作预防也非常有效。但这两者均为碱性药剂，不可与其他酸性农药或肥料混合，否则容易发生药害。

2. 苗枯病类型

苗枯病类型包含镰刀菌引起茎腐病、白绢病、根腐病等。本病菌主要危害新芽、成株假鳞茎及根部。新芽被感染时，叶鞘先黄化后黑腐，潮湿略有酸臭味；芽心被感染时，先起细黑点后连接成大病斑；根部被感染时，生长点先坏死，根部逐渐变黑，严重时呈皮包骨状；成株被感染时，叶基部先黄化，叶片断落，假鳞茎褐黄或破裂，最后整株枯死。

本病菌主要是叶基部长时间潮湿所引起，尤其是种植太密或长期下雨

时最容易感染。

防治方法：

①扩大盆间距离，种植不可太深。假鳞茎最好在盆面之上，以防叶基部积水不干。

②罹病植株重新种植，剪除腐根及叶鞘，严重者隔离销毁。

③治疗药剂与前项叶斑病相同，一般用广效性药剂也能达到防治效果。

3. 软腐病

本病即一般所称腐心病或水伤。初期感染时，芽心基部有细黑点，幼芽停止生长并开始皱缩下垂。抽出时，芽心基部已经黑腐，呈水浸状，有鼻涕状浓稠物，而且会有恶臭。本病菌发展相当快速，不到 1 周整株全部烂死，即使可以控制住，芽心也布满黑点，甚至停止生长。

兰花病菌多属真菌类，本病菌则属细菌性维管束病变，因此维管束会有褐色变化，最大特征即本病变会有恶臭味。

防治方法：

①立即切除罹病组织，剥除叶鞘，减少盆面介质，使假鳞茎微裸露，保持干燥。

②选喷农用硫酸链霉素等，每 5~7 天 1 次，连续 3~5 次。平时用 77% 氢氧化铜粉剂 400 倍液作预防，春夏高温期剂量要减低，避免高温产生药害。

4. 疫病

本病发病条件及病征与软腐病相似，一年四季均会发生。发病时，幼芽软腐，成株叶片黄化，根部腐烂。与软腐病最大差异即本病罹病组织无臭味，菌丝为白色。

防治方法：

①将病株隔离销毁，加大盆间距离，减少浇水次数，避免偏施氮肥。

②选喷代森锰锌、春雷霉素·王铜等，每周 1 次，连续 3~5 次。

由于细菌性引起的软腐病与真菌性引起的疫病及茎腐病相当类似，而且同一兰株亦经常有两种以上病原菌同时侵袭，造成错综复杂的并发症。在鉴定报告获得之前，最好以两种不同药物混合施用，才能免除判断错误

的风险。依病害发生率，镰刀菌引起的茎腐病约占 80%，软腐病及疫症约占 20%。炭疽病用药与茎腐病相同，配药上以炭疽病药与软腐病药混合，或炭疽病药与疫病药混合，交替使用较为妥当。两种不同药物混合稀释倍数需各加 50%，以避免药物过浓发生药害。

施药之前叶面保持干燥，对药物吸收效果会更好。无遮雨设施场所，在下雨之前施药，效果要比下雨后补施更佳，雨水虽会把药物冲淡，但兰株体内已有抗菌药物可抵抗病菌侵入。喷洒时，叶背及根部均要彻底淋湿。计量要准确，千万不可草率行事。

杀菌的频度与间隔，一般是 7~10 天 1 次。病害发生时或连续阴雨天时需 5 天 1 次，平时则 10 天 1 次。大面积栽培要比小面积栽培更频繁。一般 3~5 次即能见到药效。事实上任何一种病害要达到完全治愈，轻则需要 3 个月，重则需要 1 年。问题在于防治工作做得够不够彻底。

"预防胜于治疗。"这是一句至理名言，但是如何采取有效的预防措施，值得大家共同探讨。依笔者经验，可采取下列几项措施。

①种植不可过密。兰花刚分株时，每盆 3~5 苗，一两年后达到 10~20 苗。若未预留空间，植株过密最易引起病害。以近 3 米$^2$（5 尺正方形）面积为例，两年换盆 1 次，最多只能放置 25~30 盆；否则密度太高，后患无穷。

②按时喷洒农药。小兰室通风容易，一两个月施药 1 次尚可，大面积栽培通风不佳，病虫害最容易发生，两周不洒农药，病害立刻显现。以病虫繁殖周期为限，每 7~10 天预防 1 次是有必要的。

③定期健康检查。把检查工作当例行公事，一发现病株立即隔离治疗或销毁。尤其对拜拉斯病，兰友常因品种名贵舍不得销毁，放置愈久，感染愈多，最后全军覆没。这种现象在各地区经常发生。

④保持兰园清洁。不可杂草丛生，摘除叶片不可任意弃置，以免病菌二次感染。

⑤及时摘蕾。非及时上市的兰花，在含苞时即予摘除，以免花香吸引昆虫，造成病毒传染。

另外，施药时人体防护工作也非常重要。大多数人均会全副武装，包括口罩、雨衣、雨鞋，甚至防毒面具全派上用场。事实上长袖棉织衣裤即可代替雨衣雨裤，真正的危险则是喷洒之后阳光暴晒产生的热气。因此，建议兰友在农药喷洒之后，要立即洗浴，同时3天内最好"置身室外"，不进兰房。

（台湾/吴森源）

# 毛笔涂药治叶病

笔者开始养兰时养了数百盆，年纪越来越大，养兰越来越少，目前只有数十盆。这数十盆又分两组，普通组粗放管理，施肥用勺，施药用喷雾器；试验组特别管理，施肥施药用毛笔，具体做法如下。

先将可湿性杀菌剂和水溶性肥料分别按比例对水备用。买两支短锋毛笔（长锋不好使）。星期一用毛笔吸取杀菌剂溶液（不能吸得太饱或太少），均匀地涂抹叶面、叶背、叶缘、叶尖；星期四改用肥料溶液。发现虫害临时配用杀虫剂。兰病高发时期增加杀菌次数。若叶片上出现小黑点，每天早晚用毛笔吸取杀菌剂在小黑点上点个水珠，连续3~4天即可控制病情发展。

此法既可节约原料，减少环境污染，又可充分利用肥料药物；叶片常年干干净净，油光锃亮，提高了欣赏品位。

（浙江/老铁）

# 寒冬腊月：预防兰花病虫害正当时

寒冬腊月只要使兰花不受冻害，注意通风透气，就不会出现什么大问题了。最容易忽视的是，腊月小寒、大寒时期，菌、虫都失去了活动和繁殖能力，不会对兰花造成什么威胁，以为不要防治病虫害了。一些古今兰谱也未指出提前做好预防工作的重要性和必然性，致使兰友们放过了预防兰花菌、虫的极好时机，为开春之后应时而来的菌、虫暴发埋下了祸根。

为什么说寒冬腊月是预防兰花病虫害的第一关口呢？

腊月是全国绝大部分地区最寒冷的时候。长江流域的气温一般在 –8~–5℃；黄河流域的气温一般在 –10~2℃，极端寒冷北方地区最低温度可达 –20℃；珠江流域的气温一般在 5~15℃。此种气象条件下，所有兰花在自然环境下的兰房中，基本处于不同程度的休眠期，以营养生长为主渐渐转为以生殖生长为主。细菌、真菌和各种虫类进入蛰伏期，以待时机。我们大多在春夏之交时分，菌、虫、病毒开始复苏之际，才进行杀菌治虫，企图把幼菌和幼虫一网打尽。

其实，这样做已经是消极防治了，药用的量不少，灭的次数也不少，但客观情况与主观愿望往往达不到一致，不仅消灭不完菌、虫，反而造成防不胜防的局面，也使兰花的生长受到不同程度的影响。为此，我们完全可以实施积极的预防措施，在寒冬腊月的低温下，展开围歼菌、虫的前哨战，在菌、虫沉睡之时，将其消灭。实践证明：此时预防性工作做到位，将会给来年的兰花生长带来较好的效果，菌、虫将会大幅减少，病虫害危害也会降低到最低限度。

如何在寒冬腊月把好预防兰花病虫害的第一关口？

首先，必须对兰房的周围环境进行打扫，把杂物清理干净，以使菌类和虫卵无藏身之地。然后用多菌灵和氧乐果等农药 500 倍液，喷于墙角、

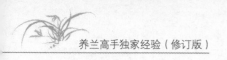

地面和兰架。这里要说明一下，用药要根据气温情况来决定对水之比例。温度低，浓度宜适当增加，这样才能充分发挥药效。

其次，用同样的药量对兰花叶面进行喷施，清除叶面的菌类和虫卵。

再次，在喷药之后的半个月左右，对兰盆进行浇灌，杀死在兰盆内休眠的菌类和虫卵。

最后，对不易杀死的介壳虫，用牙签慢慢清理，尤其是兰叶基部的死角，常隐藏此虫，须细心将其剔出，以绝后患。

此外，枯萎的老苗叶根部的叶鞘，也得剪除；对于超过半厘米以上的黑斑尖，也要剪掉，开剪方式可以是斜剪，也可以是对角剪，以绝菌类的感染源。

（江苏／严雄飞）

# 兰花使用农药误区

俗话说得好："是药三分毒。"药毒同源，关键是怎么用。

## 一、慎用的农药种类

①波尔多液、可杀得等。它们主要有效成分是氢氧化铜，对作物毒性小；但是杂质硫酸铜是有害成分，若氢氧化铜不纯，杂质就多。大部分兰科植物对铜离子敏感，浓度过高会造成铜中毒现象。另外它会促进螨类和介壳虫等猖獗发生，因为它对这些生物的虫卵的孵化有促进作用。

②石硫合剂。主要有效成分是硫化钙、熟石灰、硫等。虽然石硫合剂取材容易，针对病虫害的对象广、防治效果好，但多应用于木本植物，很少用于草本植物。因为其杂质多，呈强碱性、有腐蚀性，部分兰科植物会因此受到药害。

③高锰酸钾。居家必备的常见物品，防治效果好。但须慎用，因为浓度不易掌握，浓度过高会对兰科植物造成损伤和中毒。因其含有锰元素，

浓度过高会导致兰科植物脱水和锰中毒，会在植株上留下黑斑。

④代森锰锌。好用的保护性杀菌剂，其中的锌元素能给植株的叶片补充活力。但它含有锰元素，需要注意使用浓度，避免锰中毒。

⑤熟石灰。主要作用是提高介质酸碱度，影响病虫害的生存环境，补充钙元素。对兰科植物而言，要根据品种特征、品种习性、栽培介质和水质而决定，切勿盲目使用。

## 二、用药常见误区

①盲目跟风，不加思索。有些兰友听别人说某某药物好用，就跟着一起用，完全不考虑实际栽培环境、用药对象等实际情况；有些兰友受到某些商家的宣传和误导，不了解药剂性质，盲目使用，由此造成损失。此外，在错误的时间或情形下喷施药剂，如在高温、强光、多雨等情况下使用了农药，导致药害或者药效变差。

②用药单一，药不对症。一些兰友长期单一使用某种农药，过了多年发现农药越打越不管用。有些兰友没能分清病虫害与植物生理性病害的不同，乱用药，导致药不对症的情况发生。

### 高手这么说

笔者发现，不少兰友偏好多菌灵和甲基托布津，经常使用。要知道，这两种农药都属苯并咪唑类，作用原理都一样，两者一起用都是会有交互抗性的，所以说用药前先看农药说明书（一定要仔细看！）。

③随意配药，滥用农药。一些兰友急于求成，随意增加药剂浓度和混配农药，更有甚者随心所欲，不明白适量才是最好的。

## 三、用药细节问题

①要适当添加助剂和附着剂，用药浓度要适当。市场上的有机硅溶剂（有些渗透性有机硅溶剂与阿维菌素和甲维盐有拮抗作用，不用为好）、表面活性剂等，可以适当使用，以减少农药的浪费，提高农药利用率。另外，

要注意农药的使用浓度。有些发病的植株，药剂浓度可以稍提高，未发病的植株按照说明书规定的浓度喷施药剂。

②药剂要交互使用，复配的也是如此。具体做法就是事先准备作用机理不同的农药，按照作业计划安排，轮换使用。例如在第一年的第一季度内，第一次使用吡虫啉稀释 2000 倍的水溶液，那么第二次喷施的时候就要换用其他作用机理不同的农药，第三次喷施的时候再换成吡虫啉 2000 倍液，如此循环往复，可延缓害虫的抗药性；到第二年，建议将这些农药全部替换成其他类型的农药，让害虫无法产生抗药性或者减弱害虫的抗药性。家庭养兰多在阳台、庭院，尽量少用农药，所以笔者建议兰花不多的花友尽量仔细观察，能手动清除就动手清除。兰花数量较多的家庭，建议尽量选用小包装的药剂，多备几种作用机理不同的农药交替使用，切忌一种农药一直使用。

③对刺吸性害虫，用药一定要有针对性和技巧性。多数刺吸性害虫喜欢栖息在叶片背部、茎部等，所以说这些部位一定要喷施到位，不要漏喷。如果为图省事，草草了事，那就事倍功半了。

④要注意农药的喷施时间和气候环境。高温、强光、多雨的情况下尽量避免喷药。有些兰科植物，例如附生兰类在生长期内，多数都在晚上吸收水分，气孔也在这段时间开放，所以夜晚喷药效果较好，因为这段时间内吸收性药剂最易被吸收。

（广东／踏花行论坛）

# 介壳虫形态特征与发病规律

软体动物的外壳称介壳，介壳虫因此而得名。其实，介壳虫都有它自己的名字，叫蚧，危害兰花常见的有褐圆蚧、条斑粉蚧、红蚧、黑点蚧、兰蚧等。我们平时见到的是介壳，介壳里面有什么样的东西就鲜为人知了。

介壳虫种类很多，其形态特征和发展规律大致相同。这里以褐圆蚧为

例，揭开其"庐山真面目"。

褐圆蚧分雌虫和雄虫。雌成虫介壳圆形，直径 1.5~2 毫米，紫褐色，边缘淡褐色或灰白色。中央隆起，向边缘斜低，壳面环纹密而明显，形似草帽状。雌成虫体长约 1.1 毫米，淡橙黄色，倒卵形，头胸部最宽，腹部较长。雄成虫介壳椭圆形成卵形，长约 1 毫米，色泽与雌介壳相似。雄成虫体长约 0.75 毫米，淡橙黄色，有足、触角、交尾器和翅膀。每年 5 月中旬以后开始繁殖，交尾后的雌成虫产卵于介壳下母体的后方，卵淡橙黄色，长约 0.2 毫米。卵经几小时至 2~3 天即孵化成若虫。若虫指孵化后到变为成虫之前这阶段的昆虫。介壳虫若虫爬出母介壳之后，活动力强，到处游荡，称爬行期。经 1~2 天后固定下来，即刻分泌蜡质构筑介壳，并以口针刺入兰叶组织为害。雌虫若虫期蜕皮 2 次，第二次蜕皮变为雌成虫；雄虫若虫期共 2 龄，经前蛹和蛹变为雄成虫。

介壳虫的生活史：

交尾产卵—孵化若虫—爬行期—固定作壳—

┌ 雌若虫蜕皮—2 次蜕皮—雌成虫 ┐
│                                        ├—交尾产卵
└ 雄若虫前蛹—蛹变为蛾—雄成虫 ┘

介壳虫不仅危害兰叶，若虫爬行期还传播病菌。笔者曾用矿泉水瓶剪去瓶底，罩住新芽，预防病菌侵入。7 月中旬发现瓶罩内的新芽发生炭疽病，这炭疽病孢子是如何进去的呢？仔细查看，发现新芽还有新筑的介壳，肯定是介壳虫若虫传播无疑。

介壳虫的防治工作比较容易，介壳都是固定的，随时可以剔除；介壳虫都吸食兰汁，喷施乐果之类的杀虫剂十分有效；介壳虫自然死亡率高，改变阴暗潮湿不通风的条件，可以减少它的繁殖量。

**刘教授提示**

用单一杀虫剂防治介壳虫，效果往往不佳。据兰友试验，在防治介壳虫的药液中，加些洗衣剂，可明显提高药效。其原因可能是洗衣液有助于溶解介壳，也有利于药剂黏着在介壳上。

（浙江／老铁）

# 蓟马生活习性与发病规律

### 一、兰花被害状

蓟马的体型很小（体长 1~1.3 毫米），若不细心易被忽视。成虫和一、二龄若虫用口器刮破兰花嫩叶、叶鞘、花蕾的表皮从内层吸取汁液，使被害处出现白色小斑点。盛发期大量成虫、若虫集中嫩叶叶尖、鞘尖、花苞尖吸食汁液，使嫩叶等卷曲枯黄而死。从兰花各生育期被害叶片观察，扒开时见叶内发生白色斑点，严重时幼苗枯死。兰叶长大后，集中脚鞘为害，使脚鞘枯死。出花蕾时转入花梗、叶鞘为害，被害状与幼苗期相同。开花后转入花瓣内为害，致使兰花早衰早落，香味大减，甚至有些小花穗未开花即枯死。

高手这么说

蓟马为害兰花的程度因兰花品种的不同而有很大的差异。建兰生育期的夏芽，蕙兰、春剑的新芽正处在蓟马发生的高峰期，受害程度比墨兰、春兰为重。兰叶薄软的比硬厚的为害要重，细叶兰比宽叶兰为害要重。从兰花的生育期来看，抽芽期、抽蕾期、花期易受害。在 1 年中，夏秋季比春冬季为害要重。

### 二、蓟马的分布

为害兰花的蓟马有 3 种，即稻蓟马、稻管蓟马、花蓟马。

在 3 种蓟马中，以稻蓟马为害最为严重。蓟马在全国兰区普遍发生，北至黑龙江，南到海南，西至贵州，东至浙江，在我国东南西北中都有分布，以东南的江苏、浙江、福建、广东、海南、江西、台湾兰区为害较严重。

### 三、蓟马生活习性

①适温习性：一般在 3 月下旬至 4 月下旬气温在 20.8℃时，世代历期为 18.4 天，成虫存活期为 15~35 天。

5 月下旬，气温在 23.1℃时，世代历期为 15.6 天，成虫存活期为 10~18 天。

6 月中下旬，气温在 27.9℃时，世代历期为 11.5 天，成虫存活期为 7 天。

7 月下旬，气温在 28.7℃时，世代历期为 10 天，成虫存活期为 5 天。

9 月中旬至 10 月初，气温在 27.3℃时，世代历期为 15.8 天，成虫存活期为 13~60 天，平均 31.7 天。

10 月底至 12 月下旬，气温在 15.7℃时，世代历期为 43.3 天，成虫存活期为 12~105 天，平均 60.2 天。

②生殖习性：蓟马的生殖与其他害虫有很大的区别，它既能两性生殖，又能孤雌生殖。在盛发期，雌虫占成虫的比例可以达到 90% 以上，在气温 19~35℃范围内，孤雌均能产卵，这样的生殖方式，虫量放大，兰花受害的可能性也更大。

在生殖时，雌虫产卵时把产卵器插入兰花叶表皮下，散产于脉间的叶肉内。初期每昼夜产卵 7~8 粒，多的产 13 粒，后期逐渐减少。雌虫有明显的趋绿性，有 60% 的卵产于叶片上，叶片上可看到（用放大镜直看）有针点大小的白点。如叶片上出现微小突出，此时为孵化的前期，到晚上 19~21 时即孵化出若虫。若虫 3~5 分钟后离开卵壳，在叶上爬行取食。若虫以 2 龄食量最大，3 龄后停止取食，为前蛹期，4 龄为蛹期。在气温 20.8℃时历期 2~5 天，23.1℃时历期 2.5~4 天，27.9℃时历期 3 天，28.7℃时历期 2.5 天，27.3℃时历期 2~4 天，15.7℃时历期 7~11 天，即破蛹变为成虫。

蓟马是以成虫越冬的，在气温高的地区各虫态均可发生无滞育现象，在东北、西北气温低的地区有明显越冬现象。蓟马的抗寒性极强，在积雪下能长期生存，–15℃大部分可经久不死，还能耐 –20℃低温数天。蓟马越冬的寄主除兰花外，还有小麦、大麦、游草和再生稻苗等。

③世代习性：蓟马的生活周期适温时短、低温时长，在全国各地一般可发生 9~19 代，广东广州市 16 代，化州市 18~19 代。但蓟马属世代重叠虫害，1 年内很难划定某地发生几次，这在防治时要特别注意。

④传播习性：成虫白天多隐藏在兰花纵卷的叶尖内，早晨、黄昏或阴天爬出来在叶上活动，爬行迅速，能飞，能随气流扩散飞入其他兰株上继续为害。在兰花分株时一不注意会将若虫或成虫直接带入新的兰株。如在兰圃中有杂草，也会由杂草转入兰花继续为害。由于蓟马属杂食性害虫，它的传播范围很广，传入的途径也很多。

### 四、防治

兰花是和人比较接近的花卉，人要闻兰香、观兰叶，不少爱兰者都把兰花种在阳台上，放置在室内，因此，最好用无公害的方法来防治蓟马。药物防治，最好使用无公害农药，如用 50% 辛硫磷乳剂 1200~1500 倍液喷雾。此外，兰园养兰，做好周边环境卫生，及时防除杂草也十分重要。

**刘教授提示**

建兰花期之前，如不喷药防治，几乎都会被蓟马为害而失去观赏价值，因此在孕蕾前喷 1 次杀虫剂预防十分重要。

（广东 / 陈幼武）

# 红蜘蛛的识别与防治方法

红蜘蛛是兰花最常见的害虫之一，对兰花的正常生长影响很大。红蜘蛛在室内主要发生 3 种，即蛛形纲蜱螨目叶螨科的朱砂叶螨、二斑叶螨和截形叶螨；在露天养植的兰花上，还发生侧多食跗线螨、杨始叶螨、苹果金爪螨、柏小爪螨和刺足根螨等多种螨类。在上述害螨中，对兰花危害最大、

发生数量最多、发生面最广、能给兰花造成损失的主要是朱砂叶螨，即通常所说的兰花红蜘蛛。现将朱砂叶螨的发生危害、形态特征、发生特点和防治方法介绍如下。

## 一、发生危害情况

该虫为兰花上的常见害虫，一般兰园中均会有发生。危害兰花时，主要在上一年发的壮苗及老苗上发生，主要危害部位为叶片背面。幼螨、若螨和成螨均能为害兰叶，在叶背面吸食汁液，被害叶片初期出现零星褪绿斑。严重时，遍布白色小点，并结成白色丝网状，叶面变为灰白色，引起叶片脱水、干枯死亡。该虫严重影响兰花的正常生长、发芽，并影响兰株的整体美观和商品价值。

## 二、形态特征

①成螨：雌螨体长 0.42~0.51 毫米，梨圆形。雄螨体长 0.26 毫米，近菱形。体色一般为红色或锈红色，春夏时期多呈淡黄色或黄绿色。体背两侧有大小不等的长条形的块状色斑，色斑中间色淡，体背长毛排成 4 列。足 4 对，无爪，毛较长。

②卵：圆球形，直径 0.13 毫米，有光泽。初产时无色透明，后变橙红色，孵化前可见红色眼点。

③幼螨：体长 0.15 毫米，近圆形，初孵时体透明，取食后变暗绿色，足 3 对。

④若螨：足 4 对，比成虫小，体侧出现明显的块状色斑。

## 三、发生特点

朱砂叶螨在大理市兰花上一年四季均可发生，以温度较高的春、夏、秋 3 季发生较重。冬季温度低，发生危害较轻；多数情况下，以高温干旱的春季发生最重。当平均气温超过 10℃时，开始繁殖，生长发育的适宜温度为 20~33℃，以 29~31℃ 为最适宜温度。最佳湿度为空气相对湿度 35%~55%。这也就是说高温干旱、相对湿度低的年份有利于发病（如 2005 年春夏季）。据观察，该虫在大理市室内南向阳台上 1 年发生 14~16 代，

以两性生殖为主，1头雌螨蛹可以产卵50~110粒。条件适宜时，有孤雌生殖现象（即雌虫、雄虫不经过交配，而由雌虫直接生殖后代）。

**高手这么说**

红蜘蛛在室内兰园中的最初虫源，主要是引进带虫兰花传入，然后在兰园中传播。初发生时，有点片发生阶段，再向邻近兰株扩散。在植株上先危害兰叶下部背面，再向上部叶片背面转移。成虫、若虫靠爬行，吐丝下垂在兰株及兰盆间蔓延，也可以由人、工具、植料及其他种类的花卉（有该虫时）进行传播。

## 四、防治方法

①切断传播虫源。引种兰花时，最好不要引进带虫兰花。若因确实需要引种，则回来后，要及时喷药防治至少2次，彻底杀死兰株上的红蜘蛛，才能转入正常管理。

②清洁兰园。清除兰园中枯枝落叶、带虫填料，将有虫的兰花与无虫的兰花分开放置。

③加强栽培管理。高温干旱、不通风和偏施氮肥有利于该虫的发生危害，因此，在栽培兰花时，要加强通风，适当增加空气湿度。这两者有时候是矛盾的，但要合理调节。在施肥上，要氮、磷、钾配合施用，不能偏施氮肥。

④药剂防治。在兰花病虫害防治上，防病和防虫都要以预防为主。对一般兰友而言，只要选准药剂，定期防治即可。防治兰花红蜘蛛，根据虫情，在春季每月防治1~2次，夏季、秋季每月防治1次，冬季根据情况，可防可不防。防治兰花红蜘蛛，可以选用以下药剂：20%甲氰菊酯乳油2000倍液；20%双甲脒乳油1000倍液；73%克螨特乳油2000倍液；5%噻螨酮乳油1500倍液；10%炔螨特乳油2000倍液。

这里特别向各位兰友推荐的是10%炔螨特乳油。该药是从国外引进的，对人、花均很安全，适合防治兰花红蜘蛛。　　　　　　　（云南/杨德良）

# 无公害防治兰花病虫害小验方

兰花的病虫害，现在多使用化学农药防治。农药使用过量，兰花易遭药害。长期单一使用化学农药或使用次数频繁，会使害虫病菌产生抗药性而起不到防治效果。喷洒农药时还会污染环境，严重者会使人畜中毒。无公害防治兰花病虫害自古有之，现在也屡见不鲜。兰花病虫害无公害防治具有行之有效、成本低廉、取材容易、方法简便、不污染环境、无副作用等诸多优点，值得提倡。下面介绍一些民间流传的无公害防治兰花病虫害的小验方。小验方也许能够解决大问题，兰友们不妨一试。

## 一、茶麸

茶麸，也称茶枯、茶籽饼，系茶籽榨油后剩下的渣料，农民常用来洗涤衣服。茶麸中含有皂素和糖苷，其水浸出液呈碱性，对害虫有很好的胃毒和触杀作用。防治方法：

①将捣碎成粉状的茶麸，按其与沸水 1∶5 的比例浸泡一昼夜，用其淋浇兰盆，同时淋浇兰盆放置的场所及其他兰盆，对蜗牛有较好的防治作用。

②用茶麸水喷洒兰株，对蚜虫和红蜘蛛的防治效果很好，杀死率可达90% 以上。

## 二、异味蔬菜（大葱、大蒜、韭菜、生姜、洋葱等）

异味蔬菜均有各自的异味，其气味能起杀虫灭菌的作用。防治方法：

①取 25 克大蒜，捣碎后挤汁，稀释在 10 升水中，立即喷洒兰株，可治蚜虫、红蜘蛛、介壳虫及灰霉病。将去皮大蒜压成小块，等距离放于兰盆表土，几天后蚯蚓、蚂蚁绝迹。

②将切碎的大葱，按其与水 1∶30 的比例浸泡一昼夜后过滤，用其喷洒兰株，一日喷数次，连续喷洒数天，对防治蚜虫、软体害虫及白粉病等

均有良好的效果。

③用姜 0.5 千克，加水 0.25 千克，捣烂取汁，每 0.5 千克汁液加水 3 千克，喷洒兰株，可防治蚜虫。

④将韭菜汁、清水按 1∶60 的比例混合，用其喷洒兰株，每日喷 2 次，重复喷数天，可治愈黑斑病。

⑤取 15 克切碎的洋葱鳞茎，放入 1 千克水中密封浸泡 7 小时后过滤，用滤液喷洒兰株，可治红蜘蛛、蚜虫。

### 三、烟头

烟叶中含烟碱 3% 左右，烟碱对害虫具有强烈的触杀和胃毒作用。取 20 来个吸剩的烟头和 1 份生石灰，加水搅拌浸泡过滤，再加入 30 份水，用其喷洒兰株、盆土和盆底，可消灭蚂蚁和其他体无蜡质的害虫。

### 四、洗衣粉

洗衣粉能溶解介壳虫的角膜，同时形成一层泡沫裹住虫体，使介壳虫窒息而死。洗衣粉溶液能防治一些病虫害，防治方法：

①用少量温水溶化洗衣粉，再用水稀释至 1000 倍液，喷洒兰株，可杀灭蚜虫、粉虱、红蜘蛛。稀释至 600 倍液，3 天喷 1 次，续喷 3 次，介壳虫全部死亡。

②将猪苦胆汁、清水按 1∶100 的比例混合，并加入少量洗衣粉，用其喷洒兰株，可防治炭疽病和软腐病。用洗衣粉溶液喷洒兰株，待害虫死后，必须用清水冲洗叶片几次，以使兰株正常生长。

### 五、白酒

将白酒、水按 1∶2 的比例混合，用其喷洒兰株，每周喷 1 次，续喷 3 次，可杀灭介壳虫。

### 六、柑橘皮

把柑橘皮放于盆底，可防止蚂蚁等害虫进入盆土中为害兰花。还可将柑橘皮切成碎末，撒在盆土表面，几天不浇水，可治蚜虫、介壳虫等。

### 七、食醋

将食醋、清水按 1 : 8 倍的比例混合，用其均匀地喷洒兰叶正背面，可治介壳虫。如果介壳虫已成虫，可略提高混合液的酸度，3 天喷 1 次，连续 3 次，就能杀灭已成虫的介壳虫。叶面喷洒食醋液还可消灭黑斑病、白粉病、叶斑病、黄化病等。工业用酸醋忌用。

（福建/张炳福）

# 菜叶诱捕蛞蝓、蜗牛效果好

蛞蝓、蜗牛为杂食性软体动物，主食蔬菜瓜果。喜好在潮湿的地方活动，最适的土壤含水量为 20%~30%，最适温度为 12~19℃。25℃时，迁徙到潮湿的土块下，停止活动。它怕强光，怕干燥及水淹。每年发生 3~4 代，世代重叠，以成体在土壤下越冬。每年蛞蝓、蜗牛可产卵 400 粒。一般在早晨 7~9 时和傍晚为害作物，阴雨天则整天取食，白天躲在潮湿的地方。

蛞蝓、蜗牛对兰花幼芽为害严重，喜好啃食刚出土的兰花叶芽及花芽。当幼芽被咬伤或咬食后，严重者染上病菌而死亡，轻者被抑制停止生长。如果为害名品，给养兰者造成极大损失，笔者有切身体会。

蛞蝓、蜗牛使用农药喷洒效果不佳。因蛞蝓体背前半段有外套膜，有能分泌黏液的皮肤（爬过的地方留有光亮的痕迹）起防护作用；蜗牛有背壳防护，喷施杀虫药剂，不易杀灭。如施用呋喃丹类药剂，毒性大，污染环境。笔者采用京白菜叶每片 3~5 厘米$^2$，投放在兰盆周边，引诱蛞蝓、蜗牛吸食，早晚在京白菜叶片上捕捉杀灭，效果十分显著。最多时每早能捕捉到 27 只，最少时能捕 2~3 只。成虫及幼虫均能捕捉到。

（云南/周云芳）

# 烂头枯头对策

# 兰花枯萎病发生规律及防治技术

广义的兰花茎腐病，是指兰花的假鳞茎发生病变而引起的假鳞茎腐烂的疾病总称，原因有各种侵染性病菌侵入后引起的侵染性病害，也有生理性的如肥害、药害、水害等引起的病害。菌中的欧氏杆菌会引起兰花假鳞茎腐烂，半知菌亚门尖镰孢属中的尖镰孢菌（尖镰孢菌是兰花界公认的茎腐病主要病原之一）也会引起兰花假鳞茎腐烂，导致茎腐病的重要病害——枯萎病的发生。以下介绍枯萎病的防治方法。

## 一、症状

莲瓣兰感染枯萎病后，叶片变黄，假鳞茎变细扭曲、兰叶筋脉上（维管束）出现条状、环状紫红色斑块。发病严重时，假鳞茎发生腐烂，根系只留下兰根内木质化程度高的中柱及根表皮层，兰叶发生脱水萎缩。该病主要发生在当年新生苗及上一年生长的壮苗上，两周年以上的老苗由于木质化程度高，抗病力较强，发病的较少。

## 二、病原菌

该病的病原为半知菌亚门尖镰孢属中的尖镰孢菌。在侵染兰花后病部产生两种孢子：大型分生孢子和小型分生孢子。尖镰孢菌的生理特征为：生长温度范围 7~35℃，在 18~30℃ 范围内生长良好，最适宜的生长温度 24~28℃，高于 33℃ 时病菌停止生长。该菌对酸碱度的适应范围较广，在微酸性至中性（pH 4.5~7）的培养土中生长良好，即兰花生长的最适宜酸碱度也同样非常适宜于该病菌的生长。假鳞茎或兰根上分株时产生的伤口、害虫和线虫为害后产生的伤口，有利于病菌侵入。

## 三、发病规律

兰花枯萎病菌（尖镰孢菌）是一种土壤习居菌（能在培养土中长期存

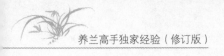

活的镰刀菌），传播途径主要是引种和培养土带菌。厚垣孢子在培养土中可以存活 8 年以上，通常病菌以菌丝体、分生孢子的方式随病株残体在培养土中越冬。在兰园中绝大多数病菌是潜伏在发病兰株上，成为下一年的主要侵染源。同一兰园内，分生孢子可借兰花分株时的伤口、虫害，特别是线虫为害后的伤口侵入兰株，也有从气口侵入的。日常管理中的浇水（浸泡法）可使分生孢子从病株传到健株上。

**高手这么说**

病菌侵入兰株的部位，主要是假鳞茎基部及中上部的兰根。兰盆表面及其以下的 5 厘米范围内，存在大量病原菌，防治时除兰叶上喷药外，盆土表层也要喷（浇）药。

兰花枯萎病病原菌喜好高温、高湿、充足氧气，所以兰园中的高温（24~28℃）、高湿（空气相对湿度超过 85%），非常有利于发病；但是，若兰花培养土的湿度长期持续较高时，反而能抑制病菌生长、繁殖和危害，原因是该菌对空气中的氧气含量要求较高，属强好气性病菌。培养土中水分含量高时，造成病菌缺氧，能抑制发病。在温度、湿度非常适宜的条件下，3~7 天病菌即可侵入兰株，并产生症状。

**高手这么说**

据观察，在培养土湿度在 15% 左右的饱和度时，最适宜病菌的生长和危害，15 天即可造成兰株脱水萎蔫、死亡；当培养土的湿度超过 25% 的饱和度时，病菌不能正常生长，病菌大量死亡，数量减少，不利于发病。

培养土饱和度（%）=（培养土实际持水量 / 培养土大持水量）×100%。该值为一个相对值，不是盆土含水量的绝对值。正是由于该病菌的这一发生危害特性（好气性），因此有的兰园使用重水养植法（1 天浇 1~2 次水。重水养植法必须与小盆、粗培养土、设备齐全的温室、适宜的

光照，以及使用营养较全面的化学肥料相配套，否则，养植的兰花不是烂根，就是弱苗、小苗和黄化苗，笔者不提倡，也不反对，各位兰友可根据自己的情况选择），而不发生枯萎病或发病很轻的现象，其原因是盆土湿度大，缺氧，不利于病菌生长。

### 四、兰花枯萎病发生的环境条件

①基本条件：引进兰花时引入带病兰花；兰园中有大量的病菌，病株和健株混合放置，培养土未严格消毒或消毒不彻底；虫害发生严重，如尖眼菌蚊在兰园中飞来飞去，能在不同兰株间传播病菌；线虫为害产生的伤口利于病菌侵入；兰园通风条件差或主观上对通风不重视，偏施氮肥，兰株生长势弱，抗病能力差等。这些原因是该病发生严重的基本条件。

②该病暴发的环境条件：兰园中（养兰场所）平均温度在24~28℃，空气相对湿度在85%以上，培养土湿度在15%左右的饱和度时，利于该病暴发危害。

对照近些年来，在大理白族自治州茎腐病暴发的几家兰园都符合上述的基本条件和环境条件。

### 五、防治措施

①杜绝或减少兰园中的病菌来源和数量。这就要求引种兰花时（特别是跨地区、省份），不引进带病兰株。新引进的名贵高档兰花，至少要隔离种植20天以上，并要对兰株喷施2~3次的兰花茎腐灵系列防病虫害药剂。对发生过该病的兰园，要对兰株进行彻底消毒处理，尽量减少兰园中的病菌数量，能彻底清除病菌则最好。

②分株换盆时，培养土要彻底消毒。在各种各样的消毒方法中，笔者认为最好、最有效的就是高温消毒，已发过病的培养土最好不要再使用。

③防治盆土中的害虫，特别是线虫。

④培育壮苗。最重要的措施是不要偏施氮肥，要氮、磷、钾合理搭配使用，才能培育出健壮的壮苗。

⑤创造适宜兰株生长的环境条件。在每年的5~9月的高温时段，一定

据调查，近年来盆土中假鳞茎和根系上的线虫发生情况是很严重的，只是多数兰友不知道有线虫发生（线虫很小、有的不足1毫米）或重视不够，线虫造成的伤口，利于尖镰孢菌侵入兰株。因此在防病的同时，也一定要将兰盆中、兰株上的害虫和线虫一起消灭。

要根据天气变化，做好降温、控湿、遮阴、通风和药剂预防五大关键调控措施，以利于兰花生长，而不利于病菌生长。

⑥重点是抓好预防措施。在防治兰花病虫害的使用农药上，笔者经过多年研究，已初步筛选了具有很好预防效果的系列药剂：防治兰花害虫，可以使用10%兰花盆虫灵乳油，对兰盆中的10多种害虫都有效；对兰病预防可以使用70%兰花茎腐灵系列药剂（1~4号）500~600倍液，对各类兰花叶斑病、茎腐病均有较好的预防效果；对已发病的兰株进行治疗，经试验证明有一定效果，但无绝对把握。具体防治方法：虫害每个月预防1次，病害每个月预防1~2次。

（云南/杨德良）

# 兰花茎腐病治疗一法

夏秋季节是兰花茎腐病的多发期。此病发病率高，死亡率高，一盆价值高达几十万元的高档兰花一旦染上茎腐病，在几天之内将会全军覆没。

对兰花茎腐病的防治，首先是防，其次是治。防是关键，治只能叫做挽救。

夏秋季节，多雨多湿，特别容易感染茎腐病，是防此病的重要阶段，应多通风，养兰场所要常杀菌。从5月份开始应每周1次用抗菌药物（多菌灵、咪鲜胺、吡唑醚菌酯、苯醚甲环唑等）喷雾杀菌，包括叶面喷雾和养兰场所全面喷洒，叶面杀菌剂浓度稍小些，场地杀菌剂浓度稍大些。笔

者经多年实践，此法可有效预防茎腐病的发生。

一旦发现病株，可采取如下治疗方法。

首先将整盆兰花拔出，洗净，将病株和已感染的兰株一并剪除，用刀片将腐烂的假鳞茎彻底切除，然后用稍浓杀菌药物（苯醚甲环唑）浸泡兰花修剪后保留健体，时间不少于 1 小时。然后晾干，再用甲霜·锰锌调成糊状，将兰花假鳞茎部位封闭，再晾干。最后用消过毒的水草将假鳞茎部位包裹，用新盆新土重新栽培。栽培好后不浇水，不晒太阳，放通风处。3 天后用净水浸泡透，置于通风透气处按常法管理（注意少施肥）。每月再用杀菌药物（稍淡）浸泡兰盆，尚可逐渐恢复兰株健壮。兰友不妨一试。

（云南/杨炳忠）

# 兰花茎腐病治疗：不翻盆效果好

夏天，南京的气温也同各地气温一样，忽高忽低，虽然没像重庆那样高达 40℃以上，但也基本上在三十八九摄氏度上徘徊。笔者的不少盆兰花得了茎腐病。

此次患茎腐病的仅上品兰花就有 3 盆，因这 3 盆兰花摆放在同一位置，发病也就是相差 1 天左右的时间。当然，抢救要从笔者认为最值得抢救的那盆兰花开始。

笔者找了把锐利的瑞士小刀用于分割，又找了代森锰锌 80% 可湿性粉剂用于杀菌消毒。还准备了几个干净的盆具和植料便于复植处理过的兰株。抢救工作就此展开。

①将最值得抢救的那盆兰花倒盆，仔细地寻找感染了茎腐病病菌的兰株。

②割除感染了茎腐病病菌的兰株，连叶芽也不要放过，确保万无一失。

③将割除了感染茎腐病病菌兰株以后的正常兰株，浸入代森锰锌 80%

可湿性粉剂 1000 倍液里，浸泡半个小时后取出。

**刘教授提示**

据福建农林大学张绍升所做的多种农药抑菌筛选试验结果，咪鲜·多菌灵对兰花茎腐病菌抑制效果最好，咪鲜胺锰盐也有较好的抑菌效果。因此，用咪鲜·多菌灵代替代森锰锌，防治效果应该更佳。此外，该试验结果还表明，咪鲜·多菌灵对兰花炭疽病防治效果也较好。

④将浸泡后的兰株倒挂在盆边晾至根干，根干的标准是根有点软，以便上盆时不伤兰根。

⑤用消过毒的盆和洁净的植料将处理过的兰株种植起来。对于分割为单株的兰株不要轻易抛弃，可用小口径、透气好的兰盆单独种植。

⑥将种植好的兰花置于阴处，最好远离其他的珍贵兰花，以免交叉感染。

对另外两盆兰花则采取了"省事"的方法。"省事"处理的步骤：

①仔细地搜索另外两盆兰患有茎腐病的兰株。

②发现感染病菌的苗株，便用手捏住兰叶将病株一棵棵拔去。

③用一小勺取些 80% 代森锰锌可湿性粉剂放入拔去病株留下的洞中。再用一根捆绑花箭用的铁线将 80% 代森锰锌可湿性粉剂捅到洞底，并用力捣几下，使 80% 代森锰锌可湿性粉剂和腐烂的部位混为一体。

④将处理后的部位盖上植料。

第三盆病兰也是按上述的省事办法处理：盆兰中有几株患茎腐病兰苗就拔去几株，采取同样的办法使 80% 代森锰锌可湿性粉剂和每一处腐烂的部位混为一体。

处理完毕后，不要立即灌水，保持半干状态几天，也不需要采取特殊的管理措施，同正常的兰花一样管理，为避免交叉感染，最好也是远离健康的兰花，单独放置。

两种方法，结果是否一样？

有些事有时候真说不明白"是"与"不是"，花费了气力有时候也会得不到好的回报。那盆按照网上兰友惯用的处理兰花茎腐病做法处理的，先是分割为单独苗的那盆感染病菌先行"去"了，接着分割为两苗草的那盆也因感染病菌枯萎了。当笔者将最后的一线希望寄托在那盆有 4 苗草的身上时，坚持 10 天有余的 4 苗草也一苗接一苗地倒了下去。

后来，竟然连 1 个饱满的芦头也没给笔者留下，能传世的珍种就这样消灭了，令人痛心。

有时奇迹也会在不经意中发生，按照笔者偷懒处理的另外两盆兰花却奇迹般地活了下来，而且病菌还没有扩散到盆中的其他兰苗。若说这是偶然，可两盆兰花却都没有发病，也都活了下来，笔者觉得这里面就有了点偶然中的必然了。

痛定思痛，那么"必然"可能会是什么？

按照网上兰友惯用的处理兰花茎腐病做法，造成兰苗感染死亡有这样几个可能：一是如有的兰友说的那样，在重新种植时不应该立即浇水；二是笔者在割除病腐部分时没有将病腐部分割除干净；三是用于浸泡或消毒的药物不对症等。

不过，笔者最想说的造成兰苗感染死亡原因应是：兰花患病如同人患病一般，患病时的兰花株体的免疫力极差，此时若将患病兰花倒盆，为消除病株将兰株左分右割，再用大剂量的药物浸泡，重新上盆，如此折腾一番，原本虚弱、未被感染病菌的株体极易受到病菌感染发病以至死亡，这可能就是按照网上兰友惯用的处理兰花茎腐病做法却造成兰株死亡的关键所在。

按照笔者后来偷懒处理兰花茎腐病的做法，虽然只拔除了病菌兰株，没有切断病菌的源头，但由于没有对盆兰大动干戈，留下的兰株受伤害小，抵抗病菌能力强。加之在拔除染病兰株的底部患处加入药物，对病菌进行了有效地扑杀，盆兰成活下来的概率当然要高出许多。这可能就是笔者偷懒处理兰花茎腐病的做法却使兰株活下来的关键所在。

当然，这些都是事后分析，或许按照笔者偷懒处理兰花茎腐病的做法使盆兰活下来也是一种巧合，可这种巧合对于我们来说却尤为珍贵，让我

们在绝望中看到一线希望。

　　·以上笔者所说的茎腐病治疗中的"是"与"不是"也只是停留于事物的表象分析，对于笔者这种休闲养兰之人也只能做到这样。

　　高温酷热时节是兰花茎腐病防治的关键季节。兰花茎腐病治疗中的"是"与"不是"告诫我们：对于兰花茎腐病，一定要遵循预防为主、治疗为辅的原则。在兰花平时的管理中，加强通风，使兰花不在湿热、不透气的环境中生长，创造一个不利于病菌侵染、繁殖，并适宜兰花生长的环境，尤为重要。另外，在肥料使用上，不要偏施氮肥，要氮、磷、钾配合使用，以增强防病抗病能力。在高温酷热来临时节要及时地有针对性地喷洒预防药物，防患于未然，不要等到盆兰染病后才来采取措施。

（江苏／杨积秀）

# 兰花茎腐病分株治疗效果与气温有关

　　过去常听别人说（很多兰书上也是这么写的），对发生兰花茎腐病的兰株，应尽快将病株和健株切开分离，并分别消毒后，选用经过消毒的培养土分开种植，分别放置在不同的地方，能挽救健株的生命。对于这种说法笔者认为是不全面的。大体来说，3 年来，在大理市 5~8 月份，空气平均温度在 20℃以上，室内阳台和温室兰园的平均温度在 23℃以上，笔者为挽救兰友的兰花，亲自分离发病兰花不下 26 盆，其中有 22 盆兰花是病株和健株一起死亡了，只有 4 盆兰花健株存活下来，成活率只占 15% 左右。而在大理市的其他月份（10 月至次年 4 月），平均温度相对较低，采用上述方法，共分离了 19 盆兰花，病株全部死亡，健株存活了 11 盆，存活率达 60%。由此说明，在兰花发生茎腐病以后，在高温高湿的时段对兰株进行分离，一般是挽救不了兰花健株的生命的，而在低温时段，对发病兰株进行分离，能挽救 60% 左右健株。

（云南／杨德良）

# 兰花镰刀菌基腐病防治

镰刀菌基腐病是由半知菌亚门镰刀菌引起的，属于真菌病害。

镰刀菌以病残草、土壤、水及人工操作为传播途径，通过伤口侵害靠基部的叶鞘与叶片、假鳞茎、根等，然后通过微管束发展。外观不容易发现，病情很隐蔽。常从1~2年的假鳞茎开始发病，严重时相连的假鳞茎一个接一个由内向外腐烂，进而发展到叶基部腐烂。这时可以看到叶基部的叶脉及附近组织呈紫褐色，叶基部的叶脉突起，叶肉变薄，进而上部叶片萎蔫，所以这种病也称枯萎病。低温高湿病害发展比较快，急性感染3~5周整株死亡。慢性感染也能到一两年甚至多年。

这种病的预防：首先引种时要特别注意。其次是减少分株，高温期间不能换盆，减少人为的触摸、搬动等会给兰带来伤口的人工操作行为。再就是植料要消毒，用具也要消毒。可用0.1%的高锰酸钾液浸泡几十分钟。最后是药剂防治。平时可选用对真菌有效的农药，如50%多菌灵800倍液喷雾或浇灌。

对于病株的治疗只能尽力而为。发现病株马上隔离。然后倒盆，用50%多菌灵500倍液浸泡兰根、假鳞茎，晾干几小时，再泡半小时再晾干，反复2~3次。换消毒过的新植料新盆种上。植料最好带一点潮，上盆后不浇水，阴养几天，再用50%多菌灵800倍液或95%的敌磺钠800倍液喷雾浇灌。植料干透后浇1次清水，下次就浇1次药液，连续2~3次，直到病情稳定为止。如果整丛兰比较大而病的苗较少，也可以分开病苗，分苗时要扩大范围。再选用波尔多液、氢氧化铜2000倍液等保护性杀菌剂封闭伤口，再按上述方法治疗后栽种。

（湖北/刘京秋）

# 兰花软腐病防治：预防为主，及时用药

### 一、预防性用药是防止软腐病的重要措施

到目前为止，笔者还未听说谁有本领能将软腐病彻底治好，只能采取措施，阻止病菌对其他正常植株的扩散和蔓延。因此我们目前对付软腐病还只能采取预防为主、治疗为辅的方针。客观一点说，预防是积极的、主动的，效果也好；治疗是消极的、被动的，效果也差。因此"预防为主、适时用药"成为防止软腐病的必要措施。

①防治要主动。防治工作要积极主动，要早做。一般说来，在暮春，当气温升到15℃以上时就开始用药，千万不要等到兰花的病害已经发生才采取措施。可每隔1周选喷1次甲基硫菌灵、咪鲜胺或吡唑醚菌酯等农药杀灭真菌，选喷噻菌铜等杀灭细菌。

②防治要及时。要狠抓关键时期用药。兰花的各种病害发生的时间一般均在闷热、高温、高湿的5月、6月、7月及夏秋之交的8月，因此这4个月是防治兰花病害的关键时期，即使未发现病害也要每周用药防治。"宁可错杀一千，绝不放走一个"。

③用药要对症。用药要有针对性，要对症下药。首先必须搞清楚致病原因是细菌、真菌还是病毒。兰花病害多为真菌性病害，细菌性病害（如软腐病）较少。兰友常将发生在新苗上的茎腐病误认为软腐病。如是细菌性疾病，对付它的药是农用硫酸链霉素、青霉素等；如是真菌引起的疾病，对付它的药是甲基硫菌灵、百菌清、苯醚甲环唑等；如是病毒引起，则用菌毒清、植病灵等。同时，防病不要顾此失彼，如果一时搞不清是什么病害，那就"海陆空"协同作战，即将杀真菌、细菌和病毒的药混配，从而达到兼治的效果。

④方法要合理。防治方法要合理，药液要直接喷洒到兰株的各个部位，

除了喷洒兰叶正反两面外，还要浇灌兰株根部，这样效果才好。

⑤喷药要适时。喷洒药液必须在傍晚进行，才有利于兰株吸收。喷洒药液不宜在烈日下进行，以免发生药害。施药后也不宜喷水，雨后还要再补喷1次。

⑥消毒要彻底。防治病害的杀菌消毒，不仅要喷洒兰株，而且要喷及兰盆、兰场周边及地面，特别要注意喷洒兰场周边容易引起病害的花木，以免交叉感染。要努力创造一个没有病菌的环境，绝不让各种病菌有滋生繁衍的机会。

⑦药剂要轮换。每一种药剂都有它的优点和局限性，一种药剂虽然对治疗某种病害有特效，但长期使用同一种农药会使病菌产生抗药性，而失去治疗效果。另外，现在市场上假药不时出现，令人防不胜防，如果一旦购买了假药，还傻乎乎地一个劲地使用，岂不误事？基于上述两点，药剂定要经常轮换，轮换的方法是：一种药剂连续使用3~4次，每次间隔7~10天，就再换另一种药剂。

⑧观念要正确。病害的防治是持久战。经过药剂防治，病害一时是消灭了，但病菌会不断滋生，因此灭菌工作永远没有尽头，千万不能有一治了之、万事大吉的麻痹思想，要准备打一场永远没有尽头的持久战。

## 二、及时治疗是防止软腐病蔓延的根本手段

软腐病高发期间，要注意仔细观察，一旦发现症状要及时治疗。要采取果断措施，绝不能因拖延而导致蔓延，具体做法如下。

①切掉病株，彻底销毁。不仅要切掉有明显病状的兰株（通常是新芽或新株），还要切掉相邻的1~2株老草，因为它们也已经感染了病菌。千万不能有侥幸心理，舍不得下手而留下祸根，后患无穷。

②对留下的兰株要洗净消毒，一般用咪鲜胺和噻菌铜溶液分别浸半小时。要全株浸没，取出后倒挂晾干，再重新上盆栽种。要注意原来的盆和植料皆不可用，栽种时要在切口处多洒一点甲基硫菌灵粉末，以防病菌再度侵入。

（江苏/陆明祥）

# 阳台养兰技巧

# 阳台养兰要点

不少养兰爱好者只能在高楼上狭小的阳台上莳养盆兰。但由于阳台具有受光强、风大、干燥、保湿差、与地气隔绝等特点，影响了盆兰的生长。那么如何在阳台上养好兰花呢？这已成为广大养兰爱好者深切关注的问题。笔者在阳台上养了 100 多盆兰花，也想就此与读者做些探讨。

笔者的阳台是朝南偏东方向，首先种前做了些改造。

将阳台上的不锈钢防盗窗挂出约 50 厘米，上方用不锈钢皮覆盖，下方稍低于阳台扶手约 2 厘米，而后在不锈钢条上平铺上不锈钢皮，以外侧折高 10 厘米、内侧折高 2 厘米、两不锈钢皮连接处稍高 1 厘米左右为佳。并在不锈钢皮连接处粘上玻璃胶，不锈钢皮与阳台扶手的缝隙处也粘上玻璃胶（以防漏水，影响楼下用户），使之形成如同敞开的半密闭的水槽。再在水槽上铺上约 1.5 厘米厚的硬的有孔泡沫塑料板，然后在防盗窗外侧披上固定的遮阳网，这样一个简易兰场就算搭成了。

当然，有些兰友没有装防盗窗直接在阳台上养兰，最好选择多个硬泡沫塑料箱，并排排列，泡沫塑料箱内装上适量的水，再在上方横铺木板条或不锈钢条，而后将兰盆置于上方即可。也有条件好的兰友，在防盗窗内侧贴上反光板，再在反光板内安上塑料活动窗帘，并将不锈钢槽上下两层架起。也可将上下两层水槽内的水用小水泵进行循环流转，而后将阳台密闭，形成温室，再安上空调、除湿机、自动喷雾机、排风机、测温仪等，实行自动化控制，这样就基本达到温室培植效果。当然，阳台兰场的布置，关键是看个人喜欢、具体条件而定，最好以实用为原则。

其次，选好花缸和兰花泥。

花缸，笔者建议最好选择宜兴产的紫砂陶瓷缸。因阳台上风大，光线强，泥土极易干燥，陶瓷缸有一定的保湿作用，利于兰花生长。当然，搪瓷缸、泥瓦缸、塑料缸也可以，但搪瓷缸保湿太强、透气性又差，极易烂根，很难掌握浇水频率。而泥瓦缸透气性太强、保湿性差，再遇风大、光强，极易干燥而导致兰株空根、焦叶，也很难掌握浇水频率。选择塑料缸的兰友要注意，因塑料缸不透气，夏天紧贴缸壁的兰根容易灼伤，冬天容易冻伤。当然，在做好夏天防强光、冬天防寒的情况下是可以使用的。

选择兰花泥应根据条件而定，常用的兰花泥有腐叶土、峨眉牌仙土、日本火山石、红星牌颗粒土、黄土粒、晒干的塘泥、砖碎、紫砂碎石和花岗石等。像云南大理李映龙先生就喜欢腐叶土培植。又如台湾的简旭东先生就是用1厘米大小的花岗石加1厘米大小的泡沫塑料粒，再加两三厘米长的被沤制退皮了的艾条（茵陈干）相拌而成，没有用一粒泥土。笔者所在地黄岩一带的兰友，几乎普遍使用仙土加火山石、黄土粒调拌而成。也有的为求方便，干脆用已配制好的成都产的红星牌颗粒土。但使用腐殖土者，前几年是有的，近几年大家都觉得利水差，易板结，透气差，夏天缸内温度高，极易烂根，故现在几乎无人敢用。总之，笔者建议选择颗粒土为佳，像绍兴的养兰大户金定先先生就是用颗粒土加碎砖粒覆盖盆面的。

再次，阳台养兰过程中，要注意以下几个问题。

一是光照。当我们用遮阳网时，要注意有30%~50%的光照，否则兰花无光就无法进行光合作用，便不可能生长、发育、繁殖。

二是浇水。阳台浇水最好是春天3~5天浇1次；夏天每日1次，选择早晚浇；秋天2天浇1次；冬天3天浇1次，选择中午浇为宜，还要注意提高水温，以不冻手为好。总之，浇水要在实践中慢慢琢磨，不可生搬硬套。

三是防寒。阳台上的兰花容易受西北风的直接影响而冻死，尤其冬季气温在5℃以下时，简易的阳台兰场一定要在西北面及南面的一部分的防盗窗上蒙上塑料薄膜，直到蕙兰花期后的阴历3月中下旬方可除去塑料薄膜，切勿过早。因为3月上旬还有可能会有一次寒潮袭击，如没做好防寒工作，会影响新年兰花的发芽率。

四是施肥。兰花的肥料需要量不大，但没有肥料有可能会出现各种微量元素的缺乏，导致兰花发育繁殖不正常，甚至倒苗现象。因此，适当的

追肥还是需要的。我们通常选择的是兰菌王对水喷洒，翠筠 B-1 活力素对水浇，磷酸二氢钾对水浇，花宝 5 号对水喷洒。上述这些营养素交替使用，每 10 天或半个月 1 次，具体配制浓度按说明书，切勿过浓。

五是防病。阳台上的兰花常见病虫害有炭疽病、病毒病、蓟马，偶见有介壳虫、白绢病、茎腐病，至于蜗牛、蚯蚓、蚂蚁等的危害应该是不大的。炭疽病主要是因浇水过多，排泄不畅引起的，只要控制浇水频率，配以咪鲜胺锰盐、甲基硫菌灵、多菌灵、百菌清等药物，稀释成 600~800 倍液，每隔 7 天喷 1 次，连喷数次可以控制。对介壳虫，选用氧乐果 600 倍液喷洒 2~3 次即可杀灭。对白绢病治疗，将 1：60 的生石灰澄清液喷洒在兰株茎部与植料表面，7 天喷 1 次，连喷 3 次可愈。笔者经常用 5 片碳酸氢钠片（小苏打片）加入 100 毫升水内，喷洒兰株茎部和泥土表面，效果也很好。最难解决的还是茎腐病，一旦发病，立即翻缸，销毁病兰，再用药物浸泡消毒后重种，但仍然有全军覆没的危险，偶尔留下性命者，也难成大苗。

（浙江 / 章金国）

# 阳台种兰经验

笔者爱好种植兰花，多年来收集各类兰花品种上百个，利用阳台种了 300 多盆。根据笔者体会，要想养好兰首先要解决两个基本问题：一是环境，二是植料。基础打不好，后面水、肥、病虫害管理也是徒劳的，兰花总是长不好。此外，兰花需要合适的温度、采光、通风，阳台改造也十分重要。

## 一、养兰环境的改造

笔者的做法是在两个阳台、窗上加装防盗网。为了增加面积又多伸出 80 厘米，上方再加一层（一盆位）。上盖透明塑料板（PC 板）防雨、尘，下做储水盆，盛水以增加湿度，又防浇花时水落楼下。中间、外沿加装活

动遮阳网，夏天气温高，阳光大时遮上，冬天拿去，让兰花多晒太阳。低温时在防盗网外边加挂塑料布。花盆摆在盛水盆上垫高的花架上。由于城市建筑物多是混凝土，阳光暴晒，空气湿度更低，这样改造仍无法满足兰花对湿度的要求，还需人工喷雾，即在阳台上泼水，或加装一根用针刺孔的塑料管。有条件的最好加装小型加湿机。

## 二、解决植料问题

环境改善后，要解决植料问题。植料种类很多，归纳起来两大类：软植料（粉末状）和硬植料（颗粒状）。植料选用应根据环境来确定。通风、采光好的地方，也就是容易干的地方，可选用软植料；不容易干的地方，就要采用颗粒状植料，否则容易造成烂根。

各家阳台朝向不一定相同，通风、采光就不一样，朝南阳光充足，东西两面半天见阳光，北面不见阳光，所以选用植料一定根据所在环境条件来选定适合环境的植料。植料可就地取材，不一定要买高价植料。笔者采用钢铁厂的焦炭粒种兰，经多年种养，效果还不错。焦炭比煤渣更好，它是纯煤提炼的，不含煤矸石，透气性好，吸水率达30%。煤渣含杂质多，吸水率仅有17%。木炭、北方煤多是微碱性，可兰花需要微酸性植料，所以对煤渣、焦炭粒要进行技术性处理，使它变为微酸性。笔者用过磷酸钙或米醋浸泡1星期，用试纸测试pH达5~5.5时即可。将其浸泡好，冲洗干净备用。焦炭粒大的如蚕豆大、小的如黄豆大，盆下半部用大的，上半部用小的。如加1/3仙土效果更好，也可以在上半部加少量软植料。这都要根据环境干燥速度快慢而定，如干得快加些软植料混合，如干得慢就不一定要加软植料。有人说用煤焦种兰有放射性物质，会得癌症。如果这样，我们炼焦工人几十年与煤焦接触，应该都得病了，可事实上并非如此。

高手这么说

利用焦炭颗粒种兰，对老年人更合适，因为它可以重复使用，不用年年去找植料。换下来的焦炭粒，可在锅里煮20~30分钟，之后冲洗干净，就可重复使用。

## 三、选盆

开始笔者用陶盆。由于比较重，老年人搬不动不方便，后改用白色塑料盆，轻便、美观、便宜。使用多年，效果还可以。为了使兰盆底部透气，盆底排水孔都要扩大，笔者把塑料盆底用电烙铁烫十几个直径8毫米的小孔，加强底部通气，这样兰花根就会向下伸长。底部通气不良，兰根只长在表层。

## 四、水、肥、病虫害管理

有合适的环境和植料，两个基础具备了，剩下就是水、肥、病虫害管理。

浇水没有确定时间标准，植料半干时就浇，表层不见干则不浇。兰花往往由于浇水太勤，植料长期潮湿不干，造成烂根而死。喷水可经常进行（夏季除外），只要空气湿度低，不会造成积水就可增加喷水次数，以此来提高周围湿度。

施肥是养壮兰花的必要手段。施肥方法有喷叶面肥和施植料两种。台湾一位老兰家比喻得好，喷叶面肥等于给人打点滴，给植料施肥等于人吃东西，让肠胃吸收。所以说要使兰花养成壮苗一定要给植料施肥，单靠喷叶面肥是不够的。可我们家庭养兰以品赏为主要目的，要求养出壮苗，多开花，且花大、瓣宽，开品好。弱苗与壮苗开出的花差别是很大的。如建兰鱼魷大贡，弱苗开出3~5朵花，花形一般；中壮苗可开出7~9朵，花形就好看些；特壮苗（达到6~7叶）开出10~12朵，花大、瓣宽才显出其真正特征。培育壮苗，施肥是关键。

全部用化肥，掌握不好，肥多了造成烂根。由于颗粒状植料保肥性差，笔者曾经常施用化肥，发现苗长得不怎么壮，后改用有机肥施植料，化肥喷叶面，效果就好多了。有机肥可用精制饼肥或自己发酵的饼肥，以及田力宝等生物菌肥。有机液肥很臭，施用不卫生，笔者把发酵好的饼肥晒干或烘干成粉状，施于盆沿四周，这样就可以减少臭味。使用有机肥，肥效长，可增加植料肥力。植料有肥力，新芽才会长得壮，所以对新植料要下些基肥。浇肥一定要注意千万不要浇进新芽，否则容易造成烂芽或叶

甲枯萎、生长停顿。

病虫害防治要以预防为主。杀菌药采用定期喷药，开始每月 3~4 次，两三年后病斑、黑点少了或没了，减少为每月 2~3 次。杀菌药可用氢氧化铜和代森锰锌交替使用或多种杀菌药混合；使用浓度按说明书调配。杀虫药采用不定期喷药，发现介壳虫等，连续喷两三次即可消灭。杀虫可用水胺硫磷、杀介壳虫药等。杀菌药除喷叶片两面外，还应浇头、根部。这几年发现烂头病严重，一发生无药可治，只好采用浇头、根预防。已出现的病斑、黑点，可用农药涂抹，以防止扩大。如药物无法控制病斑、黑点扩大，可用烫烧法，用烧红铁钉或香烟头烫浇黑点四周。只要定期预防喷药，过几年病斑、黑点就会基本消灭。值得注意的是，喷药时注意不要喷到花芽上，否则会造成花朵损坏。

（福建／林国龙）

# 阳台兰花的水分管理

阳台种兰的水管理和其他管理一样，也要因地制宜。笔者的"地"是这样的：家住五楼，阳台向南，长 8 米，伸出，有一道防盗网，网身和顶部用竹制窗帘围着，六分遮光、四分透光；顶部没有加盖其他，只有一层可拉动的遮阳网。塑料花盆，盆身多孔。植料植金石和少量埔里土，种时下部六成大粒，中部三成中粒，盆面一成细粒。兰花用架可放 140 多盆。此外，棚内有两台风扇和 1 个温湿度计。

笔者种兰已经 15 个年头。有人说"浇水三年功"，然而，十几年过去了，笔者还是"跌跌撞撞"，不得要领。近年，才因"地"制宜地摸索出一个浇水方法，即在淋水和喷洒水方面讲究一些。经试用，效果不错。

## 一、淋水

先洒兰叶一遍，然后逐盆照头淋，水势缓和，淋到盆底有不少水流出

为止。

①每次淋水前，先看看盆面的植料。见有发白呈干状时才淋。

②气温在 25℃以上时，傍晚淋。

③气温 15~24℃时，早上淋；而气温在 15℃以下时，上午 9 点后淋。

## 二、喷洒水

喷洒水以叶面见湿和盆面见湿为准，避免水流入盆内。

①空气相对湿度在 80% 以上时，不喷不洒。

②早上，空气相对湿度在 80% 以下时，喷洒 1 次。

③中午后，空气相对湿度在 80% 以下、温度在 29℃以下时，喷洒 2~3 次；温度在 30℃以上，则喷洒 3~4 次（大热天多喷洒一两次，持续到夜晚）。

（广东 / 谢宝明）

# 夏天阳台养兰心得

时下，阳台养兰的人越来越多，下面就阳台养兰谈一下心得。

①浇水：夏日来临，雨多天热，如浇水不慎容易给兰花造成一定的伤害。在浇水之前，不妨观看一下天气预报，如天气晴朗、气温适中，就可以放心地浇水；如近几天闷热潮湿，又要下雨，那就先不要浇水，再拖几天也无妨。

②通风：兰花需要通风，是兰友们都知道的，而通风最主要的是兰根的通风，兰叶次之，也就是说花盆的底部一定要透气。只有加大兰根的通风力度，才能把兰花盆内的浊气排出，才能保证兰花根部的空气与盆外空气的交换，根系才能发达，只有根深才能叶茂。

③湿度：要想把兰花养得青翠欲滴，那就离不开湿度。我们知道，兰花都产自温暖潮湿的亚热带地区，相对湿度 75% 以上，而阳台养兰最难把

握的就是通风与湿度的有效结合，特别是高温天气，湿度大了就会导致一系列病虫害的发生，而通风过大，又显得干燥，怎么办呢？可以到商店买一台室内用的小型加湿机，让盆土保持得干一些，用加湿机来增加空气的湿度，形成一个小范围较高湿度的环境，这样夏天就不会出现太大的问题。初学兰友不妨一试。

（山东/毛惠涛、赵明利）

# 阳台养兰注意事项

阳台养兰，优点是空气流畅，阳光充足，易开花。缺点是光照太强，温度高，水分蒸发快，兰叶容易被灼伤而出现焦叶，容易感染炭疽病、软腐病、褐斑病。那么阳台养兰该注意什么呢？

①注意遮阴。兰草喜阴，在养兰时就要考虑兰草的遮阴，可以在阳台上种植一些爬藤植物，如爬山虎等，或三角梅等，能大大降低光照度，同时也美化了阳台环境，二者兼得。另外，如果阳台坐北向南，就要防止西晒。夏天的太阳特别厉害，热毒大，兰草最忌，因此要尽量回避西晒，可以在西面扯一遮阳网；或是在阳台西面放一盆2~3米高的常绿植物如橘子树、桂花树等，遮阴效果好。

②增加空气湿度。阳台空气流动大，温度高，水分蒸发快，兰草生长需要一定的湿润空气，特别是夏天更要增加湿度。在阳台放几个储水桶，或多在地板上洒水，有条件的可以安装加湿机。

③保暖降温。冬天阳台温度相对更低，容易受西北风及霜冻侵害，尤其注意寒兰、墨兰、建兰更怕冷。如果是在阳台过冬，就要在阳台上遮盖透明的农膜，这样可以防御霜冻。夏天时就要考虑降温，在墙上安装壁扇，加强空气流动，如果安装喷雾器效果更好。

④杀菌消毒。阳台暴露在外，兰草容易受户外病菌感染，要经常杀菌消毒，一要注意兰叶的杀菌；二要注意盆土消毒。兰叶杀菌使用内吸性

农药，可以防止兰叶气孔堵塞；盆土消毒可以使用敌磺钠、甲基硫菌灵、氯霉素、高锰酸钾灌根浇透。

（江西/吴中久）

# 阳台如何养好兰

阳台上种兰，往往浇水死，不浇水也死，朝东面的太阳狠晒，朝北面的阳台太阴、冬天太冻、阳光不足……阳台怎么才能养好兰？笔者采用以下措施克服这些弊端。

第一，选好栽培基质，阳台养兰最好选择干净、无污染、不易滋生小虫子的材料。现在市场有大量比较普及的陶粒、火烧土、仙土等，这些都是比较理想的栽培材料，又可以循环利用。在这些植料里面掺些树皮，占 50% 比例。树皮也有分大、中、小（树皮必须腐熟，并经过浸泡后方可上盆使用），底部用大粒，中间用中粒，上面用最小粒的，盖住假鳞茎 1/3 即可。

第二，选好盆具。最好选择不易打碎的高腰兰花塑料盆，款式很多，盆壁四周如孔少，可多钻些洞，以利通风透气。也可采用紫砂盆，有高低档之分，便宜的每个几元，贵的几十元、百把元。

第三，营造合适的环境。这是种好兰花的前提。要求环境通风、阳光充足，兰花的习性是喜阳光怕暴晒。怎么才能取得理想的效果呢？最好用活动遮阳网，最佳的阳光应该是夏季早上 8 点以前和下午 17 点以后的全光照，其余时间遮光 75%。严寒的冬季除中午遮光 30% 外，其他时间都应见到阳光。如果兰花接受阳光少，肥、水都要相应少些；如果接受多，则需多些。有经验的师傅，用手一摸即可知道兰草光照是到位或不到位。光照少时叶质薄而长，成熟后假鳞茎小，抗病能力弱，来年也不能多发新芽。阴棚顶部尽可能加上防雨、透明的聚氯乙烯（PVC）板，现在市面上售价比较便宜。早期是进口的，目前国产质量也不错，寿命可用 7 年左右。

第四，合理施肥。养兰花应少用高浓度肥，做到多次数、少分量。一般可用花生饼加水浸，十几分钟后，变成炒饭状，就可以直接放到兰盆上，浇 1 次透水。或到市面上购买进口的优质肥奥妙或魔肥，每盆用十几粒，可持续肥效 10 个月左右。平常可在叶面上喷花宝 3 号，助长兰根、茎叶、芦头；秋季可喷花宝 2 号，促进兰花开花，花色艳丽、花瓣肥厚。

第五，浇好水。一般用家庭自来水是没有问题的。如用疏水的植料，夏天每日要浇水 1~2 次，午后浇水较理想，能让土壤降低温度，增加新鲜空气。冬天 5 天浇水 1 次，最好上午进行，因为晚上冻，容易伤根。

在南方养兰，如果能做到以上几点，离养兰成功也就不远了！

（广东 / 刘少群）

# 阳台养兰一得

阳台养兰的主要不利因素有：强光，低湿，自然调节差等。所以要经过人为改造，营造一个适合兰花生长的环境：一要有适当的遮阴设施；二要有适宜的湿度；三要有良好的通风条件。这是养好兰花的必要条件。为此，笔者在阳台上搭建了一个三面墙、两面玻璃的兰棚，购置了一台加湿机和一台排风扇。

首先，要遮阴。兰花为半阴生植物，经不起阳台阳光的曝晒，所以养兰场一般应在西南两面有一定的遮阴设施，遮去部分光照，特别是高温季节更应如此。顶上可以装 1~2 层可活动的遮阳网，以减少太阳的直接照射。具体操作是：在 5~9 月，用遮光率 70%~80% 遮阳网盖，大暑至立秋前后、气温大于 30℃时，可以在顶上加盖一层白布，用以反光隔热，起到遮阴和降温双重的作用。其他时候可不遮光，早春起应多见光炼苗，使兰花接受光照，以便植株更好生长、健壮。

其次，温度要调节好。兰花在原生条件下，长在峡谷空幽、空气湿度较高的地方，空气相对湿度夏季在 75% 左右，冬季在 50% 左右。所以，我们也要营造一个空气湿度较高的环境来满足兰花的生长需要。办法有以下几种。

①在阳台地面设置水槽，利用水槽的贮水蒸发来调节。

②可以在地面铺上砖块或海绵，利用红砖、海绵吸水、蒸发，来提高空气的相对湿度。

③有条件的话，可以购买自动湿度控制器和加湿机，就可基本上满足兰花生长对湿度的要求了。

再次，注意通风。阳台养兰，敞开的空间空气对流，会造成空气干燥；封闭则通风不良，容易产生闷热。所以要因时因地做好通风调节，特别是高温季节，如不通风，容易发生茎腐病等。

常用的通风措施是安装换气扇、电风扇，用微电脑控制器来控制。微电脑控制器可以把换气扇设定为每小时换气几分钟，电风扇可以对准水槽水面，使水分蒸发加快，增加湿度，利于降温。

最后，要处理好温度、湿度、通风等因素之间的关系。它们既是统一的，也是矛盾的。

空气的湿度、植料的湿度，随气温的变化而变化：当气温较高时，则湿度随之减少；并随空气流动的速度而变化，风速大则湿度随之降低。因此，要辩证统一地做好调节工作，保证兰花茁壮成长。　　　　　　（浙江/江勇）